ZOOLOGISCHE ABHANDLUNGEN

Herausgegeben vom

STAATLICHEN MUSEUM FÜR TIERKUNDE IN DRESDEN

In Kommission

AKADEMISCHE VERLAGSGESELLSCHAFT GEEST & PORTIG K.-G.

LEIPZIG

Staatliches Museum für Tierkunde in Dresden
DDR – 801 Dresden, Augustusstraße 2

ABHANDLUNGEN UND BERICHTE AUS DEM STAATLICHEN MUSEUM FÜR TIERKUNDE IN DRESDEN

Hinweise für unsere Autoren

Die Publikationen des Staatlichen Museums für Tierkunde in Dresden dienen der Veröffentlichung von Arbeiten aus dem Museum sowie solchen, die ganz oder teilweise Material des Museums behandeln oder über Materialien berichten, von denen Belegstücke in die Sammlung des Museums kommen.

Die Arbeiten sollen eine Thematik aus den Wissensgebieten Taxonomie, Phylogenie, Evolution, Morphologie, Anatomie, Biologie, Ökologie, Faunistik, Zoogeographie sowie den fachbezogenen Museumswissenschaften beinhalten. Arbeiten anderer Wissensgebiete sowie biographisch oder methodisch orientierte Arbeiten können aufgenommen werden, sofern sie zur Kenntnis der genannten Gebiete beitragen. Es werden nur Originalarbeiten veröffentlicht, die weder ganz noch teilweise bereits an anderer Stelle erschienen sind. Publikationen über Tiermaterial vom Gebiet der Deutschen Demokratischen Republik werden vorrangig behandelt.

Für Inhalt, sprachliche Gestaltung sowie Beachtung einer eventuellen Veröffentlichungsgenehmigung ihrer Arbeiten sind die Autoren selbst verantwortlich. Eine redaktionelle Bearbeitung der Manuskripte behält sich der Herausgeber vor. Die Autoren erhalten eine Eingangsbestätigung oder umfassendere Nachricht über die eingesandten Manuskripte. Nach Veröffentlichung ihrer Arbeiten erhalten die Autoren unentgeltlich 100 Sonderdrucke zugesandt; bei Veröffentlichungen, welche mehr als 200 Seiten umfassen, nur 50 Sonderdrucke. Von in den „Faunistischen Abhandlungen" erscheinenden Kurzmitteilungen werden 10 Belegexemplare ausgegeben. Diese Zahlen können aus technischen Gründen auch bei Veröffentlichungen von zwei oder mehr Autoren nicht erhöht werden.

Die Manuskripte können in deutscher, englischer oder französischer Sprache abgefaßt sein. Jede Arbeit (ausgenommen die für die „Reichenbachia" vorgesehenen Veröffentlichungen) muß eine kurze Zusammenfassung in der zur Abfassung des Manuskriptes verwendeten Sprache enthalten. Diese Zusammenfassung wird einschließlich des Titels der Arbeit bei deutschsprachigen Manuskripten in das Englische, bei fremdsprachigen Manuskripten in das Deutsche übertragen. Es ist erwünscht, daß die Autoren diese Übertragung selbst vornehmen.

Eine Rezension eingesandter Monographien wird auf Wunsch gern vorgenommen.

Spezielle Richtlinien über Manuskriptgestaltung, Ausführung der Illustrationen und Korrekturgang der Publikationen können auf Anforderung vom Herausgeber bezogen werden.

ZOOLOGISCHE ABHANDLUNGEN
STAATLICHES MUSEUM FÜR TIERKUNDE IN DRESDEN

Band 33 Ausgegeben: 25. Juni 1975 Nr. 13

Kommentierte Artenliste der Brutvögel, Gäste und Durchzügler des Moritzburger Gebietes

(Aves)

Mit 6 Abbildungen

ALFRED FEILER[1])
Moritzburg

Die abwechslungsreiche Teichlandschaft des Moritzburger Gebietes mit Feldern, Wiesen, Laub- und Nadelwald auf kleinflächigem, kuppig-welligem Relief (siehe Abbildungen 1–6) beherbergt als Folge ihrer Mannigfaltigkeit eine artenreiche Vogelwelt. Für die Ornithologen sind gute Beobachtungsmöglichkeiten gegeben. Begünstigt durch die vorteilhafte Verkehrslage, werden diese seit jeher genutzt. – Von denen, die dankenswerterweise Auskunft erteilten, seien insbesondere genannt: W. BURK, B. GEIDEL, E. HUMMITZSCH, G. JÄGER, B. KATZER, G. LEONHARDT, H. LUTZ, E. MAILICK, P. PFANDKE, J. ULBRICHT, P. WACHWITZ und D. ZENKER.

Die Artenliste soll den Ornithologen bei der Einordnung und Bewertung ihrer Beobachtungen helfen und die gebietsbezogene Gestaltung der vogelkundlichen Ausstellung des Staatlichen Museums für Tierkunde Dresden im Fasanenschlößchen ermöglichen.

Es ist im wesentlichen das Verdienst von MAYHOFF, SCHELCHER, KÖHLER und BERNHARDT, durch ihre Veröffentlichungen einen Überblick über die Ornis der Moritzburger Teichlandschaft gegeben zu haben. Nach MAYHOFFs Tode haben STRESEMANN und HEYDER dessen bemerkenswerte Aufzeichnungen ausgewertet, veröffentlicht und so den ornithologisch Interessierten zugänglich gemacht. HEYDERs Buch: „Die Vögel des Landes Sachsen" ist auch für die Avifauna des Moritzburger Gebietes die aufschlußreichste Quelle. Für die vorliegende, erneut notwendige Zusammenstellung halfen außerdem die ornithologischen Tagebücher der Außenstelle Fasanenschlößchen und mündliche Hinweise vieler Ornithologen.

Brutvögel werden von Durchzüglern und Gästen getrennt aufgeführt. Sie ziehen im Gebiet ihre Jungen auf, haben hier ihre Heimat und sind deshalb faunistisch besonders interessant. Brutvögel sind das ganze Jahr im Gebiet oder bleiben nur wenige Monate, um dann in die Überwinterungsgebiete zu ziehen. Andere oder gleiche Rassen der bei uns brütenden Arten verweilen auf dem Zuge, aus anderen Gegenden kommend, im Moritzburger Gebiet. Solche Arten werden nur in die Brutvogelliste, aber nicht in die Liste der

[1]) Herrn Dr. RICHARD HEYDER zum 90. Geburtstag gewidmet.

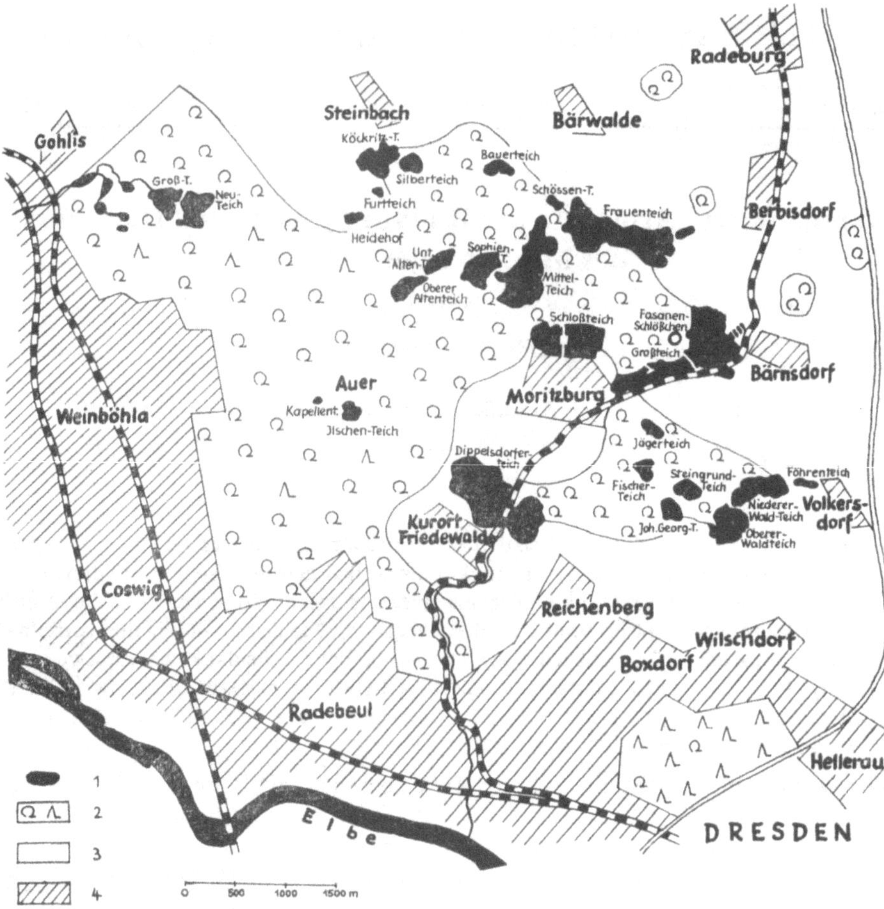

Abb. 1. Das Moritzburger Teichgebiet.
1: Wasser – 2: Wald – 3: landwirtschaftlich genutzte Fläche – 4: bebautes Gebiet.
Zeichnung: E. Meißner

Gäste und Durchzügler aufgenommen. Die Anwesenheit der Gäste und Durchzügler unterliegt gewöhnlich jährlichen, oft witterungsbedingten Schwankungen. Ihre gesonderte Beurteilung ist erforderlich. Abgeleitet aus feldornithologischer Tätigkeit sind Rassen oft nicht oder schwer zu erkennen. Subspeziesnamen werden deshalb nicht angewandt.

Die quantitative Erfassung der Brutvögel war in Anbetracht jährlicher Bestandesschwankungen, fehlender oder zufälliger Nestfunde und nicht zuletzt aus arbeitstechnischen Gründen bei vielen Arten praktisch undurchführbar. Sie muß autökologischer Bearbeitung vorbehalten bleiben, besonders im Hinblick auf die bestandsbeeinflussende Wirkung der in den letzten Jahren beträchtlichen Veränderung der Landschaft und intensiverer Bewirtschaftung der Forsten, Teiche und landwirtschaftlichen Nutzflächen.

Das Untersuchungsgebiet umfaßt die Moritzburger Teichlandschaft und wird begrenzt

Abb. 2. Landschaft am Frauenteich. Hier hält sich im Winter der Raubwürger auf
Foto: G. Hoffmann

durch eine gedachte Verbindungslinie zwischen den Orten Radebeul – Weinböhla – Steinbach – Bärwalde – Radeburg – Hellerau – Boxdorf – Reichenberg – Radebeul (Abbildung 1).

Landschaftsformen und Geologie, Teichflächengröße u. a. werden eingehend in der Reihe „Werte unserer Heimat, Bd. 22, Lößnitz und Moritzburger Teichlandschaft" behandelt.

Erhebliche Beeinträchtigungen der Landschaft und der Wasservogelwelt traten durch Bebauung der Teichufer, Badebetrieb und Hausenten- bzw. Gänsehaltung an den Teichen ein (Unterer Waldteich – Bad, Steingrundteich – „Wildes" Baden, Oberer Großteich – Bad, Unterer Großteich – Hausentenhaltung, Frauenteich – Hausentenhaltung, Mittelteich – Bad und Bungalowsiedlung, Dippelsdorfer Teich – Bad und Bungalowsiedlung.)

Naturschutzgebiete sind Frauenteich und Dippelsdorfer Teich.

Brutvögel

Podiceps cristatus – Haubentaucher
Sommervogel, er bewohnt alle größeren Teiche. In den letzten Jahren mit 30–39 Paaren brütend. Seit den Ermittlungen MAYHOFFs (1920) hat sein Bestand nicht abgenommen.

Podiceps griseigena – Rothalstaucher
Sommervogel, nach MAYHOFF (1920) brüteten 1916 12 Paare, 1974 etwa die gleiche Zahl. Eine abnehmende Tendenz ist bemerkbar.

Abb. 3. Am Mittelteich. Foto: G. Hoffmann

Podiceps nigricollis – Schwarzhalstaucher

WIGLESWORTH (HELM und WIGLESWORTH 1898/99) fand am Dippelsdorfer Teich 1898/99 11 Nester vor. MAYHOFF und SCHELCHER (1915) gaben für das Gebiet 10–14 Brutpaare an. 1916 waren es noch mehr (MAYHOFF 1920). MAYHOFF 1920, S. 5, schreibt: „Erfreulicherweise auf den großen Teichflächen wieder die häufigste Taucherart". WACHWITZ fand 1949 2 Paare auf dem Frauenteich brütend. Nach PFANDKE war er nicht jedes Jahr Brutvogel auf dem Frauenteich. 1973 und 1974 hatte sich dort ein Paar angesiedelt. Die größte Anzahl lebt auf dem Dippelsdorfer Teich. HUMMITZSCH ermittelte für die letzte Zeit und das gesamte Gebiet ein Brüten von 10–15 Paaren jährlich.

Tachybaptus ruficollis – Zwergtaucher

Sommervogel, er brütet fast auf allen Teichen. Der Bestand hat sich seit den Ermittlungen MAYHOFFs (1920) nicht verringert.

Ardea cinerea – Fischreiher

Ein Brutnachweis liegt für 1947 vom Frauenteich vor (HEYDER 1952). Als Durchzügler ist der Fischreiher nach übereinstimmenden Äußerungen der ortskundigen Ornithologen seltener geworden. So sahen z. B. HELM und WIGLESWORTH (1898/99) an ablaufenden Teichen noch 1892 Gesellschaften bis zu 60 Stück. Einzelne Reiher übersommern im Gebiet.

Ixobrychus minutus – Zwergrohrdommel

Es gibt wenig Brutnachweise, obwohl Brutverdacht bereits von MAYHOFF und SCHELCHER (1916) geäußert wurde und BRAESS (1914) die Art als Brutvogel bezeichnete. WEISSMANTEL (1924) nennt Brutnachweise aus den zwanziger Jahren. 1949 brütete sie

Abb. 4. Kastanienallee am Schloßteich. Vor 1945 befand sich hier ein Brutplatz der Schellente. Foto: G. Hoffmann

am Dippelsdorfer Teich (BERNHARDT, Tagebuch). PFANDKE fand 1951 ein Nest mit Eiern am Unteren Großteich. 1952 brütete sie nach WACHWITZ am Dippelsdorfer Teich. Seit dieser Zeit fehlen Brutnachweise, als Durchzügler wurde sie gelegentlich einmal gesehen.

Botaurus stellaris – Rohrdommel

Zu Anfang unseres Jahrhunderts fehlte sie offenbar im Gebiet, denn sie wurde nicht von den intensiv beobachtenden Ornithologen MAYHOFF und SCHELCHER (1915) nachgewiesen. BRAESS (1914) erwähnte sie ebenfalls als nicht im Gebiet brütend. In den Jahren 1925, 1927 und 1928 rief sie am Frauenteich und wurde im Juni 1928 auch gesehen (Ornithologi-

Abb. 5. Blick vom Unteren Großteich zum Fasanenschlößchen. Hier hielt sich am 26./27. 5. 1972 das Odinshühnchen auf. Foto: G. Hoffmann

sches Beobachtungsbuch der Ortsgruppe Dresden des Bundes für Vogelschutz). 1947 fand BERNHARDT ein Nest am Frauenteich, 1951 am Dippelsdorfer Teich. Bis in die sechziger Jahre hörte HUMMITZSCH die Rohrdommel regelmäßig zur Brutzeit rufen. Seitdem wird sie gelegentlich beobachtet, letztmals am 18. 8. 1973 gesehen, kommt aber brütend nicht mehr vor. 1974 hörte sie PFANDKE bis zum 2. 6. regelmäßig am Frauenteich rufen.

Ciconia ciconia – Weißstorch

Sommervogel, Durchzügler. Nach WACHWITZ brütete in Volkersdorf 1945, 1946 und 1947 1 Paar. Die Berbisdorfer Störche siedelten sich 1954 an. 1974 brütete je 1 Paar am Jägerteich, am Fasanenschlößchen, in Bärwalde und in Berbisdorf. Ein Vergleich mit früheren Angaben (ZIMMERMANN und SCHOLZE 1935, ZIMMERMANN 1937, GÜNTHER 1956) läßt nicht auf einen Rückgang des Moritzburger Storchenbestandes schließen.

Cygnus olor – Höckerschwan

Jahresvogel, Durchzügler. Der „Wildbestand" hat sich nach 1945 durch Verwildern der zahmen Schwäne entwickelt, unter Umständen erfolgte auch Zuzug. Die Zunahme erfolgte in den sechziger Jahren. 1974 brüteten 4–5 Paare.

Anas crecca – Krickente

MAYHOFF (1920) schätzte 4–6 Paare für jeden größeren Teich. BERNHARDT kalkulierte 1936 den Bestand auf etwa 20 Paare (HEYDER 1952). Nach WACHWITZ waren zwischen 1949 und 1951 fast keine Krickenten im Gebiet. Brutnachweise liegen vor. KATZER sah am 24. 6. 1972 auf dem Oberauer Neuteich 1 Schof mit 7 Jungen. Der gegenwärtige Brutvogelbestand beträgt 5–10 Paare.

Abb. 6. Landschaft am Frauenteich. Foto: A. Feiler

Anas platyrhynchos – Stockente
Sie ist der häufigste Entenvogel des Gebietes und brütete in den letzten Jahren mit schätzungsweise ca. 200 Paaren. Der Frauenteich ist der wichtigste Mauserplatz für die Erpel der Umgegend, im Juli 1973 konzentrierten sich hier etwa 5 000 Vögel.

Anas querquedula – Knäkente
1891 gelang HELM (1905) ein Brutnachweis am Schloßteich. Von 1906–1914 waren nach MAYHOFF und SCHELCHER je Jahr 1–6 Paare im Gebiet. 1916 „... auf dem Frauen-, Groß- und Köckritzteich, dem Dippelsdorfer Teich, selten einmal auf dem Schloßteich je 1–2 Paare" (MAYHOFF 1920), und nicht 1–2 Paare für das gesamte Moritzburger Gebiet, wie HEYDER (1952) angibt. So sind auch die BERNHARDTschen Angaben aus den dreißiger Jahren mit etwa 15 Paaren weniger Ausdruck starker Bestandsschwankungen. Am 25. 6. 1955 fanden K. BURK und Mitarbeiter ein Nest mit 7 Eiern am Frauenteich. Die Ente konnte in den letzten Jahren nicht mehr als Brutvogel nachgewiesen werden, obwohl sie im Mai und Juni beobachtet wurde.

Anas clypeata – Löffelente
Sie ist seit jeher Brutvogel. Von 1906–1916 brüteten je Jahr etwa 4–6 Paare im Gebiet (MAYHOFF und SCHELCHER 1915, MAYHOFF 1920). In den dreißiger Jahren waren es nach BERNHARDT (HEYDER 1952) 1–3 Paare. Nach 1945 wurden von BERNHARDT und WACHWITZ (Tagebuch) einzelne Paare zur Brutzeit bestätigt. 1974 hielten sich 3 Paare im Gebiet auf. Der Bestand hat sich annähernd auf gleicher Höhe gehalten. 1973 wurden zur Entenjagd am 18. 8. versehentlich 2 nicht völlig ausgefiederte Jungvögel geschossen.

Aythya ferina – Tafelente
Sie war sicherlich früher mindestens so häufig wie heute, wahrscheinlich noch häufiger. HELM und WIGLESWORTH (1898/99) zählten z. B. am 28. 6. 1891 75 ♂♂ auf dem Frauenteich. Verbreiteter Brutvogel auf fast allen Teichen. In den letzten Jahren lebten 120–150 Brutpaare je Jahr im Gebiet (HUMMITZSCH).

Aythya nyroca – Moorente
Der einzige Brutnachweis unseres Jahrhunderts gelang MAYHOFF 1916 am Schwanenteich (MAYHOFF 1916). BRAESS (1914) nannte sie als Brutvogel, brachte aber keine Beweise.

Aythya fuligula – Reiherente
Vor der Jahrhundertwende und zu Anfang unseres Jahrhunderts brütete die Ente nur selten im Gebiet. Nach HELM und WIGLESWORTH (1898/99) waren jährlich einzelne oder kleine Gesellschaften auf dem Dippelsdorfer Teich (Brutnachweis am 25. 6. 1892: ♀ mit 7 Jungen). Am Schloßteich fand HELM 1891 1 ♀ mit 7 Jungen. Nach 1945 wurden erneut zur Brutzeit einzelne Reiherenten am Frauen- und Mittelteich gesehen, auf dem Mittelteich z. B. 1 ♀ am 20. 6. 1951 von BERNHARDT und ROCH (Tagebuch). Der Bestand nahm rasch zu, besonders Anfang der sechziger Jahre, vielleicht begünstigt durch die zahm gehaltenen Reiherenten am Jägerteich. Heute brütet sie an allen größeren Teichen, am Dippelsdorfer Teich sehr häufig. 1974 mögen nach HUMMITZSCH etwa 60–90 Paare gebrütet haben.

Bucephala clangula – Schellente
Der erste Moritzburger Brutnachweis liegt von 1913 vor. 1916 folgten dann weitere durch MAYHOFF (1920) vom Schloßteich und Großteich (etwa 2–3 Bruten). 1923 stellte BERNHARDT (1928) bereits an 9 Teichen Brutpaare fest. 1928 waren es etwa 20–25 Brutpaare. 1940 etwa 100 Brutpaare. WACHWITZ (mündlich) kannte die Schellente noch 1946 aus der Oberecke als Brutvogel. 1947 waren fast alle Schellenten verschwunden (BERNHARDT mündlich, zitiert bei HEYDER 1952). Heute brütet die Schellente nicht mehr im Gebiet, sie ist lediglich regelmäßiger Durchzügler. Ein am 18. 8. 1973 erlegter Jungvogel ist wahrscheinlich ein nicht flügelkupierter Nachkomme der von MAILICK auf dem Jägerteich gehaltenen Schellenten.

Buteo buteo – Mäusebussard
Nach einer Karte besetzter Greifvogelhorste (unveröffentlicht), die, nach WACHWITZ, BERNHARDT in Zusammenarbeit mit den Forstangestellten des Hauses Wettin herstellte, gab es 1939 12 besetzte Horste. Heute sind es nicht weniger.

Accipiter nisus – Sperber
1939 waren es 6 Brutpaare, in den letzten Jahren nur noch 2. Das bestätigten mir auch ZENKER, LUTZ und MAILICK.

Accipiter gentilis – Habicht
1939 brüteten 4 Paare, 1973 nach ZENKER und LUTZ 2 Paare, 1974 (LUTZ) 3 Paare.

Milvus milvus – Roter Milan
In unserem Jahrhundert versuchte die Art erstmals 1953 und 1954 zu brüten. Junge sind nicht ausgekommen (LUTZ). Eine feste Ansiedlung erfolgte 1966 mit 1 Paar, 1967 brüteten 2, 1968 3 Paare, 1969 wieder 2 Paare. 1974 brüteten 3 Paare im Gebiet (LUTZ).

Milvus migrans – Schwarzer Milan
Seit den dreißiger Jahren unseres Jahrhunderts brütet die Art wieder im Gebiet. Nach der oben erwähnten Karte nisteten 1939 2 Paare. 1951 waren es 2, 1965 3 Paare und 1974 2 besetzte Horste (LUTZ).

Über die Greifvögel des Moritzburger Gebietes liegen bei LUTZ eingehendere Unterlagen vor, die in einer gesonderten Veröffentlichung ausgewertet werden sollen.

ZOOLOGISCHE ABHANDLUNGEN

Herausgegeben vom

STAATLICHEN MUSEUM FÜR TIERKUNDE IN DRESDEN

Band 33
1974–1975

In Kommission
AKADEMISCHE VERLAGSGESELLSCHAFT GEEST & PORTIG K.-G.
LEIPZIG

Inhalt:

MAMMALIA

Neue Namen

AVES

Turdidae

Luscinia megarhynchos bährmanni ssp. n., p. 223: ECK

Buchbesprechungen

FRED KUNDERT: Fascination. Schlangen und Echsen.

200 Seiten, davon 155 Seiten Farbtafeln.

Verlag F. Kundert Spreitenbach (Schweiz), 1974. Schw. Fr. 49,–

Bildbände über Tiere sind seit dem Siegeszug der Fotografie, insbesondere der farbigen, und den Fortschritten der Drucktechnik in ansehnlicher Reihe entstanden. Sie fanden und finden stets ihre Käufer. Dem aufmerksamen Betrachter bleibt jedoch nicht verborgen, daß die Zahl der originalen und originellen Bilder verschiedener, oft gar nicht seltener Tiere dennoch nicht allzu groß ist, wie die Übernahme ein und derselben Bilddokumente in die unterschiedlichsten Publikationen beweist.

Hier ist Neues zu sehen. FRED KUNDERT tritt mit seinem Reptilien-Bilderbuch (Fotograf, Editor und Verleger in Personalunion) in die Arena der renommierten Tierfotografen. Seine 155 ganzseitigen Farbbilder von vornehmlich exotischen Echsen und Schlangen nehmen in jeder Hinsicht den Vergleich mit allem Vorhandenen des Metiers auf und ergänzen es vortrefflich. Der Laie wird von der Formen- und Farbenfülle der Reptilien, denen KUNDERT mit dem Auge des Kenners und Liebhabers und einer offensichtlichen Vorliebe für das delikate Detail nachspürt, genauso fasziniert wie der alteingesessene Terrarianer und Herpetologe, denen hier seltene und seltenste, z. T. noch nirgends abgebildete Schlangen und Eidechsen ferner Regionen erstmalig begegnen. Ob es nun die behende, dünne Zunge der Schlangen in einer Bewegungsphase oder die dicklich-behäbige „Genießerzunge" mancher Großechsen wie *Heloderma* oder *Tiliqua* ist, oder ob es das Porträt mit den „sprechenden" Augen eines großen Leguans oder einer Grünen Mamba, oder ob es der wie im Fixierbild zu suchende Kopf einer Kettenviper im Rund ihrer Körperschlingen ist, KUNDERT weiß um den Reiz und Wert solcher Aufnahmen ebenso wie um die Wirkung der verhaltenskundlich interessanten Bilder drohender Kobras, eingerollter Gürtelschweife oder gemächlich ruhender Dornenschwänze, die zu viert im Bilde zugleich die ganze phantastische Farbenpalette ihrer Art repräsentieren.

Durch die Wahl des Themas bedingt und nirgends verschwiegen, sondern durch exakte Angaben am Schluß des Buches mitgeteilt, sind die Fotos KUNDERTs durchweg Atelieraufnahmen. Das mag für manchen Fan der Naturfotografie Anlaß zur Disqualifizierung des Autors wegen nicht waidgerechter Fotojagd sein, dem objektiven Betrachter hingegen kein Stein des Anstoßes. Auch wird der „gelernte Fotograf" vielleicht akzeptieren, daß gerade das unerwünschte Reflexlicht des Blitzes oder der Lampe erst den metallisch irisierenden Glanz eines glatten Schlangenleibes sichtbar macht, was sonst als technischer Fauxpas gewertet würde. KUNDERT genießt die Reptilienhaut aber auch „rauh", wie die Schuppenstudien bei fast igeligen Schlangen, so den afrikanischen Baumottern der Gattung *Atheris*, oder den trockenen Perlenstickereien der Haut eines Gelbwarans zeigen, und er läßt uns daran teilhaben. Vielleicht kritisiert auch der eine oder andere Betrachter, daß häufig Ausschnitte, Anschnitte oder begrenzte Schärfenbereiche zu sehen sind und nur selten ganze Tiere, oder daß nicht einheitlich eine den Lebensraum des Tieres verdeutlichende konkrete Dekoration aus Mineralien und Pflanzen (die an einigen wenigen Stellen inhaltlich oder formal etwas unglücklich ist, so bei *Pseudocerastes, Echis carinatus* oder *Naja haje)* verwendet wurde, sondern mitunter auch neutrale oder komplementär- bis kontrastfarbige Hintergründe, aber KUNDERT führt uns ja ins Atelier, ins Terrarium, nicht in die Natur! Er will uns faszinieren, so wie es ihm selbst längst ergangen ist, hier mitten in Europa.Und das ihm das gelang, ist nicht zuletzt auch das Verdienst seiner Mitarbeiter und Helfer, allen voran der rührige Tierhändler ZINNIKER, der die meisten Tiere importierte und dabei Gebiete erschloß, aus denen bislang kaum lebende Reptilien nach Europa kamen, oder des inzwischen an den Folgen eines Schlangenbisses verstorbenen Seniors der europäischen Herpetologie, Professor MERTENS aus Frankfurt, der als einziger Privatbesitzer (offiziell) eine lebende Brückenechse seit Jahren erfolgreich gepflegt und seinen Schatz dem Fotografen KUNDERT anvertraut hatte, genauso wie den anderen professionellen Reptilienkennern Dr. KLEMMER (Frankfurt/M.) und Dr. KRAMER (Basel), die den telegrammbündigen (dreisprachigen!) Text HOFSTETTERs redigierten. Der Herpetologe wird bemängeln, daß die Anwendung des dreiteiligen wissenschaftlichen Namens nicht konsequent durchgeführt wurde. So interessiert z. B. den Rezensenten, welcher Subspezies die abgebildete *Elaphe schrenki* zugehört, bzw. er wäre noch glücklicher, den Fundort bzw. das Herkunftsland des jeweils abgebildeten Exemplars zu erfahren, was den Quellenwert der Bilder ungemein erhöhen würde. Der Importeur sei unbesorgt, der Zoologe will mit diesem Wunsch nicht unfair in die Geschäftsbeziehungen einblicken, sondern nur den ganzen Wert der Ware Tier nutzen können! Fachdiskussionen aufwerfen können manche der Bilder, so die Bewertung von *Vipera raddei* zu *Vipera xanthina*, aber das sollen Bücher schließlich. „Erst in den Kopf, dann in das Herz ...“, sagt Wilhelm Busch über den Weg literarischer Produkte. KUNDERT will es gerade andersherum, und das ist ihm gelungen. Mit der Gratulation zu diesem Werk sei die Ermunterung an den begeisterten Terrarianer, erfahrenen Fotografen und umsichtigen Verleger KUNDERT verbunden, uns bald auch mit Bilderbüchern über die restlichen Reptiliengruppen oder die Amphibien zu faszinieren.

F. J. Obst

JOHN A. BURTON (Ed.): Owls of the World — their evolution, structure and ecology.

216 Seiten, sämtliche Abbildungen und Verbreitungskarten farbig.

Eurobook Ltd., Peter Lowe London, 1973. £ 5,95

Trotz der erst 1964 erschienenen „Birds of Prey of the World“ von GROSSMAN und HAMLET schließt das neue, von einem Autorenkollektiv erarbeitete Prachtwerk eine spürbare Lücke in der ornithologischen Literatur. In dieser Vollständigkeit gab es bisher kein (noch dazu ausschließlich farbiges) Illustrationswerk über Eulen. Auf der geradezu verschwenderischen Bebilderung liegt das Hauptgewicht. In den Kapiteln 4—9 stehen 88 erstklassige Fotografien 78 sauberen Figuren von der Hand JOHN RIGNALLs gegenüber. Von den mit Akribie ausgeführten Farbzeichnungen lassen einige (wenigstens im Druck) die Weichheit des Eulengefieders vermissen, auch ist in der Behandlung der Gestalt verschiedentlich ein gewisser Schematismus nicht zu übersehen.

Folgende Eulen, die dem Rezensenten als braunäugig bekannt sind, werden mit gelber Iris abgebildet: *Bubo nipalensis* p. 87, *Otus lawrencii (= Gymnoglaux)* p. 95, *O. sagittatus* p. 109, *O. gurneyi (= Mimizuku)* p. 109, *Pulsatrix koeniswaldiana* p. 119, *Ninox punctulata* p. 156 und *Pseudoscops grammicus* p. 185. Nach Abbildungen von LODGE (1930), BARRUEL (1970) und HEINZEL (1972) findet man die seltene *Strix butleri* auch hier (p. 135) braunäugig, während sie doch gelbäugig sein müßte.

Der Text, flüssig und vielseitig informierend, wird von 114 optisch wirkungsvollen Verbreitungskarten unterstützt, deren Gestaltung in einzelnen Fällen zu großzügig gehandhabt wurde. Das Werk ist in drei Teile gegliedert, deren erster in drei Kapiteln die Beziehungen der Menschen zu den Eulen (J. SPARKS), die fossilen Eulen (C. A. WALKER) sowie die physischen Fähigkeiten und Leistungen dieser Vogelgruppe (PH. BURTON) zum Gegenstand hat. Im zweiten oder Hauptteil werden in sechs Kapiteln die 133 Arten von I. PRESTT, R. WAGSTAFFE, M. FOGDEN, G. P. HEKSTRA, H. MIKKOLA, C. HARRISON und H. GINN abgehandelt, wobei das Gewicht auf der Ökologie, jedenfalls entschieden nicht auf der Taxonomie liegt. Die Schleiereule *Tyto nigrobrunnea* NEUMANN, 1939 von der Insel Taliabu, farbig abgebildet von H. QUINTSCHER bei ECK und BUSSE („Eulen“, 1973, Taf. I), wurde vergessen. Die schwierige Gattung *Otus* erfuhr durch HEKSTRA eine neue, aber wohl noch nicht endgültige Darstellung. Bemerkenswert ist p. 167 eine Fotografie, die die allgemein als ausgestorben bezeichnete indische *Athene blewitti* vorstellt.

Mit den beiden Kapiteln über die Erhaltung der Eulen in ihrem natürlichen Lebensraum (R. MURTON) und über die Gewölle (D. GLUE) schließt der Hauptteil.

Der dritte Teil bringt eine Liste aller Gattungen und Arten (wissenschaftliche und englische Bezeichnungen) sowie eine dankenswerte Übersicht über den Stand der Kenntnisse von den Stimmen der Eulen (W. VAN DER WEYDEN, H. GINN).
So macht denn das Werk, das in keiner ornithologischen Bibliothek fehlen sollte, in umfassender Weise mit einer sowohl vernachlässigten als auch schwer zugänglichen Vogelgruppe vertraut. Eine Übersetzung ins Deutsche ist in Aussicht gestellt.

S. Eck

Als Supplement zu Band 33 der Zoologischen Abhandlungen ist erschienen:
FLASAR, I. und M. FLASAROVÁ: Die Wirbeltierfauna Nordwestböhmens (severozápadní Čechy). Die bisherigen Ergebnisse ihrer Erforschung. S. 1—150, 2 Karten, 18 Fotos. 1975.

Zool. Abh. Mus. Tierk. Dresden | Band 33 | 1974—1975

Verantwortlicher Redakteur: Dr. RAINER EMMRICH

Staatliches Museum für Tierkunde Dresden
DDR — 801 Dresden, Augustusstraße 2

Genehmigt: Ministerrat der Deutschen Demokratischen Republik, Ministerium für Kultur, unter Nr. 105/19/74, 105/27/75 und 105/32/76

Klischees: Graphischer Großbetrieb „Völkerfreundschaft" Dresden

Satz und Druck: III-11-6 Graphischer Betrieb Freiberg, III-28-2 Oberlausitzdruck Großschönau und III-4-9 NOWA DOBA, Druckerei der Domowina, Bautzen

Pernis apivorus – Wespenbussard
1939 war das Brüten von 3 Paaren bekannt. Die Anzahl hat sich nicht vermindert.

Circus aeruginosus – Rohrweihe
Sie ist regelmäßiger Brutvogel. 1939 brüteten 2 Paare (nach der oben erwähnten Karte), 1974 brüteten mindestens 4–6 Paare, davon 2 am Frauenteich.

Falco subbuteo – Baumfalke
1939 brüteten 2 Paare alljährlich bis etwa 1968. Aus den letzten Jahren ist nur die Brut von 1 Paar bekannt. WACHWITZ vermutet noch das Brüten des Vogels. Zur Brutzeit jagten die Altvögel regelmäßig bei Berbisdorf.

Falco peregrinus – Wanderfalke
Der Vogel hat wahrscheinlich früher im Gebiet gebrütet, fehlte jedoch um die Jahrhundertwende (HELM und WIGLESWORTH 1898/99) als Brutvogel (MAYHOFF und SCHELCHER 1915). 1939 war 1 Horst im sogenannten Tiergarten besetzt. Bereits 1951 kam es nicht mehr zu einer Brut. LUTZ beobachtete 1951 mehrmals 2 Terzel und 1 Weibchen. In den folgenden Jahren wurden hin und wieder einzelne Tiere gesehen. Eine bemerkenswerte Beobachtung ist die von MAILICK: er beobachtete im Juni 1966 einen Altvogel mit geschlagener Taube am Steingrundteich. ULBRICHT beobachtete am 25. 2. 1971 einen Altvogel am Frauenteich, von ihm als ♀ angesprochen. Nach MAYHOFF und SCHELCHER (1915) wurden früher eine Anzahl Wanderfalken im Moritzburger Gebiet geschossen.

Falco tinnunculus – Turmfalke
1939 gab es wenigstens 5 Brutpaare. 1964 kannte LUTZ (mündlich) 6 besetzte Horste. 1974 brüteten 3–5 Paare. Genaue Ermittlungen fehlen.

Tetrao tetrix – Birkhuhn
Die Art war Brutvogel bis in die dreißiger Jahre unseres Jahrhunderts. Die letzten Tiere wurden in der Nähe des Dippelsdorfer Teiches beobachtet (FEILER 1967).

Coturnix coturnix – Wachtel
Nestfunde fehlen, zur Brutzeit ruft der Vogel bei Bärwalde und Volkersdorf. WACHWITZ beobachtete mehrere Wachteln am 29. 6. 1953 (nach einem Gewitter) im Ort Berbisdorf.

Perdix perdix – Rebhuhn
Das Rebhuhn ist regelmäßiger Brutvogel, der aber infolge der Großflächenwirtschaft abgenommen hat.

Phasianus colchicus – Jagdfasan
Die ersten Fasanerien bestanden bereits 1740 in Moritzburg. Der Vogel ist nicht selten (FEILER 1972).

Rallus aquaticus – Wasserralle
Die Wasserralle ist regelmäßiger, aber nicht häufiger Brutvogel an allen stark mit Röhricht bewachsenen Teichen, so am Frauenteich, Großteich und Dippelsdorfer Teich.

Porzana porzana – Tüpfelsumpfhuhn
1973 wurde es mehrmals während der Brutzeit am Frauenteich gehört, am 18. 8. 1973 wurde 1 Exemplar von FEILER gesehen. JÄGER beobachtete in den letzten Jahren zweimal Tüpfelsumpfhühner am Frauenteich und einmal einen Vogel am 11. 8. 1971 am Dippelsdorfer Teich, der vermutlich zu der Art gehörte. Nestfunde fehlen, doch ist das Brüten sehr wahrscheinlich. Als Durchzügler werden Tüpfelsumpfhühner gelegentlich beobachtet. Am 13. 4. 1974 hörte PFANDKE (mündlich) 4–5 Exemplare am Frauenteich rufen.

Crex crex – Wachtelkönig
Ein Nestfund gelang durch MAYHOFF und SCHELCHER (1915). Wahrscheinlich ist er noch Brutvogel, denn er ruft zur Brutzeit regelmäßig auf der Bärwalder Flur. Seit etwa 1968 ist er nach MAILICK (mündlich) aus dem Wiesengebiet am Oberen Großteich verschwunden. JÄGER konnte den Vogel 1973 nordwestlich von Boxdorf rufen hören. Der Wachtelkönig ist seltener geworden, was mir WACHWITZ bestätigen konnte, der ihn noch 1949 südlich des Frauenteiches hörte.

Gallinula chloropus – Teichhuhn
Das Teichhuhn ist auf fast allen Teichen Brutvogel.

Fulica atra – Bleßhuhn
Das Bleßhuhn gehört zu den häufigsten Wasservögeln, nach HUMMITZSCH ist es mit über 300 Brutpaaren auf allen Teichen Brutvogel. Wie K. BURK (mündlich) berichtete, wurden vor 1945 oft 200–300 Bleßhühner jährlich während eines Jagdtages auf dem Frauenteich geschossen.

Vanellus vanellus – Kiebitz
1906 bis 1914 existierten nach MAYHOFF und SCHELCHER (1915) „schwerlich mehr als 25 Paare". 1918 bis 1928 waren es jährlich 20–25 Paare. 1941 und 1942 fand BERNHARDT trotz eifriger Nachsuche kein einziges Nest. Nachdem sich der Bestand wieder ein wenig erholt hatte, nahm er von 1946 bis 1948 stark ab und 1948 fehlte der Kiebitz als Brutvogel (BERNHARDT 1949). Nach WACHWITZ nahmen Kiebitze seit 1952 wieder zu. Zur Zeit brüten im Gebiet 16–20 Paare, davon allein 6 am Frauenteich (PFANDKE). Sie bewohnen heute weniger die Teichufer als die landwirtschaftlichen Großflächen. Auf dem Zuge verweilen große Flüge im Gebiet, z. B. etwa 500 am 29. 8. 1972 auf den Feldern am Frauenteich.

Charadrius dubius – Flußregenpfeifer
Obwohl bereits MAYHOFF und SCHELCHER (1915) das Nisten für sicher hielten, konnten erst 1947 am 1. 6. 1 Paar mit Jungen und am 11. 6. 2 Gelege gefunden werden (Tagebuch BERNHARDT). PFANDKE (mündlich) fand 1973 den Vogel an der Ziegelei bei Berbisdorf brütend, er beobachtete dort 2 Jungvögel. Auf dem Zuge ist der Flußregenpfeifer regelmäßig zu sehen.

Gallinago gallinago – Bekassine
Nach W. BURK (mündlich) brüten etwa 4 Paare am verlandeten Rohrteich, dazu kommen 1 Paar am Georgenteich (GEIDEL, JÄGER, mündlich), 2 Paare vom Frauenteichgebiet (PFANDKE, mündlich) und 1 Paar auf den Wiesen zwischen Schloß und Fasanenschlößchen. Dort brüteten vor erfolgter Melioration 2 Paare. Mehrere Gelege wurden gefunden.

Tringa totanus – Rotschenkel
HELM (1893) berichtete vom Brüten einzelner Paare. Nach MAYHOFF (1920) brüteten früher 5–6 Paare am Dippelsdorfer, Mittel-, Groß- und Frauenteich, heute ist der Vogel nur auf dem Zuge zu beobachten.

Tringa ochropus – Waldwasserläufer
In der Eiersammlung des Staatlichen Museums für Tierkunde Dresden befinden sich die 4 von HEYDER (1916, 1952) erwähnten Eier des Waldwasserläufers aus Moritzburg. Der Nachweis ist trotzdem recht unsicher, schon im Hinblick auf die weit zurückliegende Zeit des Sammelns und das Fehlen weiterer Angaben. Eine interessante Beobachtung veröffentlichte HELM (1893), der Ende Juni 1891 einen Vogel beobachtete.

Larus ridibundus – Lachmöwe
Bereits 1840 befand sich eine Kolonie am Dippelsdorfer Teich mit 500 Paaren (CREUTZ

1969). Sie war zeitweise erloschen, weil der Teich, so z. B. von 1864 bis 1876, trocken lag (MAYHOFF 1920). Eine andere Kolonie befand sich am Frauenteich. 1892 gab es auf den Moritzburger Teichen etwa 500 Brutpaare. 1906 waren etwa 300 Paare auf dem Dippelsdorfer Teich, 1907–1911 60–100 Paare, 1912–1914 nur noch 10–30 Paare. Auf dem Frauenteich brüteten 1910 (am 19. 5.) 40–50 Paare (MAYHOFF 1920). Seither brüteten in unterschiedlicher Individuenzahl immer Lachmöwen im Moritzburger Gebiet. 1971 und 1973 waren nach Mitteilung von HUMMITZSCH über 3 000 Brutpaare auf dem Dippelsdorfer Teich. Nähere Angaben zur Entwicklung der Lachmöwenkolonie gab CREUTZ (1969).

Chlidonias nigra – Trauerseeschwalbe
1910 beobachtete SCHELCHER 5–6 Paare am Dippelsdorfer Teich, „... die dort sicherlich auch gebrütet haben" (MAYHOFF 1920). BRAESS (1914) kannte die Art nicht als Brutvogel. Seitdem wurden mehrmals Trauerseeschwalben zur Brutzeit beobachtet, Brutnachweise fehlen jedoch.

Sterna hirundo – Flußseeschwalbe
Vor der Jahrhundertwende brütete sie in wenigen Paaren am Dippelsdorfer Teich und am Frauenteich (HEYDER 1952, MAYHOFF 1920). Nach der Jahrhundertwende brüteten möglicherweise einzelne Paare am Frauenteich.

Columba oenas – Hohltaube
Einzelne Paare brüteten im Tiergarten, neue Nachweise fehlen. Das Angebot an Bruthöhlen schwindet mit dem Einschlag alter Bestände.

Columba livia forma *domestica* – Verwilderte Haustaube
Einzelne Paare brüten auf dem Leuchtturm am Fasanenschlößchen.

Columba palumbus – Ringeltaube
Sie ist die häufigste Wildtaube im Gebiet.

Streptopelia turtur – Turteltaube
Sie ist im Verhältnis zu den Vorkommen der Lausitzer Teichgebiete selten.

Streptopelia decaocto – Türkentaube
BURK (1962) beobachtete sie erstmals 1955 im Gebiet, 1962 war sie ihm noch nicht als Brutvogel bekannt (BURK 1962). Sie ist seit einigen Jahren (seit wann?) Brutvogel in den Ortschaften. 1974 brütete sie erstmals am Fasanenschlößchen.

Cuculus canorus – Kuckuck
Jungkuckucke wurden in Teich- und Sumpfrohrsängernestern gefunden.

Tyto alba – Schleiereule
Von 1939–1945 brütete sie regelmäßig in Berbisdorf (WACHWITZ). 1973 hat sie PFANDKE im Mai/Juni in Bärwalde rufen hören. 1974 war sie Brutvogel in der Bärnsdorfer Kirche, nachdem sie dort einige Jahre verschwunden war (MAILICK, mündlich).

Athene noctua – Steinkauz
Nach MAYHOFF (1920) brüteten 2–3 Paare in den Bärnsdorfer Obstgärten. Der Vogel brütet jetzt nicht mehr im Gebiet.

Strix aluco – Waldkauz
Häufigste Eule im Gebiet.

Asio otus – Waldohreule
Nach ZENKER und MAILICK brüten alljährlich etwa 2–3 Paare im Gebiet. JÄGER fand in den letzten Jahren etwa 6–7 Horste.

Asio flammeus – Sumpfohreule
WACHWITZ wurde 1946 (genaue Daten sind nicht bekannt) von KLEINERT ein Eulenei gebracht (Ei leicht beschädigt, Maße: 39,1×33,0 mm), das sehr wahrscheinlich der Sumpfohreule zuzuordnen ist. Es war in einer Sumpfwiese auf einer Grasbülte an der Nordostecke des Frauenteiches gefunden worden. Ich konnte das Ei sehen und die Maße vergleichen. – Nachweise der Sumpfohreule aus der Brutzeit fehlen, als Durchzügler wurde sie mehrfach gesehen. – Es könnte sich unter Umständen um ein verlegtes Waldohreulenei handeln, da die Eimaße beider Eulen nahezu übereinstimmen. Das scheint aber noch zweifelhafter.

Caprimulgus europaeus – Nachtschwalbe
Sie brütet in den trockenen Kiefernheiden. BERNHARDT und BURK fanden 1923 zwei Dunenjunge. Brutnachweise liegen von Kreyern und Hinterwald vor (WACHWITZ, mündlich).

Apus apus – Mauersegler
Bruten sind vom Barockschloß und der alten Mühle bekannt geworden (MAILICK).

Alcedo atthis – Eisvogel
Am Altenteich brütete der Eisvogel 1922 (BERNHARDT 1922). Mit den Flußbaumaßnahmen an der Promnitz wurde dort in den letzten Jahren ein Brutplatz des Eisvogels beseitigt. 1974 brütete 1 Paar in der Nähe von Moritzburg.

Upupa epops – Wiedehopf
Bei HELM und WIGLESWORTH (1898/99) findet sich die Auskunft, daß er früher hier und da bei Moritzburg und Dippelsdorf gebrütet habe, aber nicht mehr als Brutvogel bemerkt wurde. Nach WACHWITZ (mündlich) ist der Wiedehopf während der Heuernte 1956 auf dem Humrich bei Bärnsdorf beobachtet worden. In den letzten Jahren sahen RAU und FEILER den Vogel am 28. 7. 1972 am Ostufer des Frauenteiches. Am 30. 4. 1974 flog ein Vogel über einen Kahlschlag im Tiergarten (MAILICK, ZENKER, FEILER).

Picus viridis – Grünspecht
Er brütet vereinzelt im Gebiet.

Picus canus – Grauspecht
Der Grauspecht ruft regelmäßig am Fasanenschlößchen, eine Bruthöhle wurde noch nicht gefunden.

Dryocopus martius – Schwarzspecht
Brutnachweise liegen vom Tiergarten vor (BERNHARDT 1948, Tagebuchaufzeichnungen; FEILER, 1972). Nach WACHWITZ waren 1950 7 Brutpaare bekannt.

Dendrocopos major – Buntspecht
Es ist der häufigste Specht.

Dendrocopos minor – Kleinspecht
Der Kleinspecht ist verbreitet, aber nicht häufig.

Jynx torquilla – Wendehals
Er ist ein verhältnismäßig seltener Brutvogel. Nestfunde liegen vor.

Lullula arborea – Heidelerche
Sie ist selten und kommt nur vereinzelt im Nordwesten des Gebietes vor, Nestfunde fehlen.

Alauda arvensis – Feldlerche
In den Feldgebieten häufiger Brutvogel.

Hirundo rustica – Rauchschwalbe
Sie hat in ihrem Bestand, vielleicht als Folge der veränderten landwirtschaftlichen Tierhaltung, abgenommen.

Delichon urbica – Mehlschwalbe
Sie war früher häufiger. In Berbisdorf waren z. B. 1974 nur einzelne Nester vorhanden, während es vorher Kolonien bis zu 25 Nestern gab (WACHWITZ).

Motacilla flava – Schafstelze
Die Art brütet in wenigen Paaren im Gebiet.

Motacilla cinerea – Gebirgsstelze
Regelmäßiger Brutvogel.

Motacilla alba – Bachstelze
Sie ist die häufigste Stelze im Gebiet.

Anthus trivialis – Baumpieper
Häufiger Brutvogel.

Anthus campestris – Brachpieper
Er wird in der Regel nur als Durchzügler beobachtet. BERNHARDT (1922) vermutete sein Brüten. ULBRICHT beobachtete am Schamottewerk Radeburg am 11. 8. 1973 einen Altvogel und am 15. 8. 1973 einen Altvogel mit einem Jungvogel, der sehr wahrscheinlich dort erbrütet worden war.

Anthus pratensis – Wiesenpieper
Vom Wiesenpieper gibt es zwei lang zurückliegende Nestfunde vom Mittelteichgebiet, einmal vom 6. 5. 1922 ein Nest mit 4 Eiern (BERNHARDT 1922) und ein anderes Mal vom 28. 4. 1923 ein Nest mit 5 Eiern; am 10. 5. befanden sich 5 Junge in diesem Nest (BERNHARDT und BURK, Ornithologisches Tagebuch). 1973 beobachtete PFANDKE Ende Mai oftmals bei Bärwalde Wiesenpieper und vermutete nach ihrem Verhalten eine Brut.

Lanius cristatus – Neuntöter
Nach dem Beseitigen vieler Hecken und Büsche auf den Feldern ist der Vogel seltener geworden.

Lanius excubitor – Raubwürger
Außer dem von HEYDER (1961) erwähnten Brutverdacht (1953–1955) vom Dippelsdorfer Teich, den auch STEINBERG bestätigt, fehlen Bruthinweise. Der Vogel wird alljährlich als Durchzügler beobachtet.

Troglodytes troglodytes – Zaunkönig
Verbreitet, aber nicht häufig.

Prunella modularis – Heckenbraunelle
In Fichten- und Kieferndickungen ist der Vogel nicht selten.

Locustella fluviatilis – Schlagschwirl
BERNHARDT (1938) wies den Vogel 1938 am Großteich nach, vermutete eine Brut, konnte aber das Nest nicht finden (siehe hierzu auch ECK 1973).

Locustella naevia – Feldschwirl
Dem Autor ist sein Vorkommen von 3 Stellen (Dippelsdorfer Teich, Oberer Großteich, Volkersdorf) bekannt.

Acrocephalus schoenobaenus – Schilfrohrsänger
Er brütet am Frauenteich und am Oberen Großteich.

Acrocephalus palustris – Sumpfrohrsänger
Er ist ein häufiger Rohrsänger.

Acrocephalus scirpaceus – Teichrohrsänger
Er kommt an allen größeren Teichen vor.

Acrocephalus arundinaceus – Drosselrohrsänger
Er brütet regelmäßig an allen größeren Teichen.

Hippolais icterina – Gelbspötter
Häufiger Brutvogel.

Sylvia borin – Gartengrasmücke
Häufiger Brutvogel.

Sylvia atricapilla – Mönchsgrasmücke
Sie ist häufig und hat in den letzten Jahren zugenommen.

Sylvia curruca – Klappergrasmücke
Häufiger Brutvogel.

Sylvia communis – Dorngrasmücke
Die Art ist nicht selten.

Sylvia nisoria – Sperbergrasmücke
Der erste Brutnachweis gelang 1932 BERNHARDT (1932) am Ständer des Großteiches in einer dichten Dornenhecke. Seit 1970 wurden erneut einzelne Nester gefunden (GEIDEL und JÄGER, mündlich). PFANDKE kennt sie brütend vom Frauenteichgebiet und konnte sie 1974 erneut bestätigen.

Phylloscopus trochilus – Fitis
Häufiger Brutvogel.

Phylloscopus collybita – Zilpzalp
Häufiger Brutvogel.

Phylloscopus sibilatrix – Waldlaubsänger
In zweistufigen Beständen mit Laubholzunterbestand häufig.

Regulus regulus – Wintergoldhähnchen
Es ist ein häufiger Brutvogel, Nestfunde fehlen.

Regulus ignicapillus – Sommergoldhähnchen
Die Brut ist nach Beobachtungen zur Brutzeit anzunehmen (HEYDER 1952).

Muscicapa striata – Grauschnäpper
Häufiger Brutvogel.

Ficedula hypoleuca – Trauerschnäpper
Häufiger Brutvogel.

Ficedula albicollis – Halsbandschnäpper
Es liegt kein sicherer Brutnachweis vor, doch kann das Brüten Ende der zwanziger Jahre vermutet werden (KÖHLER 1928).

Saxicola rubetra – Braunkehlchen
Es ist verhältnismäßig selten. JÄGER (mündlich) beobachtete und fotografierte 1973 eine Brut am Frauenteich.

Phoenicurus phoenicurus – Gartenrotschwanz
Regelmäßiger Brutvogel. Er fehlte 1974 an einigen Brutplätzen, so am Fasanenschlößchen.

Phoenicurus ochruros – Hausrotschwanz
Häufiger Brutvogel in den Ortschaften.

Luscinia megarhynchos – Nachtigall
1972 sangen 3 ♂♂ am Fasanenschlößchen, wo BURK mehrmals die Nester fand. 1974 konnte hier nur noch 1 ♂ gehört werden, zu einer Brut ist es offensichtlich nicht gekommen. Einzelne Paare brüten im Schloßpark des Barockschlosses. STEINBERG nannte sie in seiner Brutvogelliste (unveröffentlicht) von Lindenau. WACHWITZ hörte sie erstmals 1973 in Berbisdorf singen, 1974 war sie wieder dort. Im Elbtal ist der Vogel nicht selten.

Erithacus rubecula – Rotkehlchen
Häufiger Brutvogel.

Oenanthe oenanthe – Steinschmätzer
Bereits MAYHOFF (1920) fand 1916 Jungvögel. Weitere Brutnachweise liegen von Bärnsdorf und Volkersdorf vor (MAILICK, mündlich; BERNHARDT, Tagebuch). Am 14. 6. 1973 sah JÄGER (mündlich) den Vogel bei Steinbach mit 3 oder 4 Jungen.

Turdus viscivorus – Misteldrossel
Seltener als die Singdrossel.

Turdus pilaris – Wacholderdrossel
Verbreitet, aber nicht häufig.

Turdus philomelos – Singdrossel
Häufiger Brutvogel.

Turdus merula – Amsel
Häufiger Brutvogel.

Aegithalos caudatus – Schwanzmeise
Verbreitet, aber nicht häufig.

Remiz pendulinus – Beutelmeise
Nachdem einzelne Vögel bereits vor Jahren beobachtet worden sind, gelang MAILICK 1974 der erste Brutnachweis am Großteich. Ich konnte beide Vögel beim Füttern beobachten. Im Kutschke-Teichgebiet beobachtete ich am 20. 5. 1974 einen Vogel, konnte aber kein Nest ausmachen.

Parus cristatus – Haubenmeise
In Nadelwäldern verbreiteter Brutvogel.

Parus palustris – Nonnenmeise
Häufiger Brutvogel.

Parus montanus – Weidenmeise
ZIMMERMANN und KÖHLER (1929) nannten nur zwei Nachweise aus dem Moritzburger Gebiet (September und Oktober 1927). DIETRICH hörte sie im November 1927 am Unteren Waldteich. Am 20. 4. 1930 nahm KÖHLER südlich von Cunnertswalde eine lebhaft rufende Weidenmeise wahr (Ornithologisches Tagebuch). ECK und GEIDEL (1968) stellten sie mehrmals im Moritzburger Gebiet fest. 1970 gelang JÄGER und GEIDEL der Brutnachweis. Die Weidenmeise kommt an den meisten Teichen des Moritzburger Gebietes brütend vor. Wahrscheinlich ist der Vogel viele Jahre übersehen oder mit der Nonnenmeise verwechselt worden.

Parus caeruleus – Blaumeise
Häufiger Brutvogel.

Parus major – Kohlmeise
Häufiger Brutvogel.

Parus ater – Tannenmeise
Die Art ist in Nadelwäldern regelmäßiger Brutvogel.

Sitta europaea – Kleiber
Häufiger Brutvogel.

Certhia familiaris – Waldbaumläufer
Regelmäßiger Brutvogel.

Certhia brachydactyla – Gartenbaumläufer
Regelmäßiger Brutvogel.

Emberiza calandra – Grauammer
Die Art ist verhältnismäßig selten.

Emberiza citrinella – Goldammer
Häufiger Brutvogel, Durchzügler und Wintergast.

Emberiza hortulana – Gartenammer
Sie kommt bei Berbisdorf, Volkersdorf und im Dippelsdorfer Gebiet vor. WACHWITZ hörte zwischen Radeburg und Berbisdorf 1947 3 ♂♂, 1949 6 ♂♂ und 1950 wieder 4 ♂♂ singen. WACHWITZ (mündlich) gelangen wohl die ersten Nestfunde. Ein Vogel wurde am 19. 6. 1949 mit flügger Brut zwischen Berbisdorf und Radeburg gesehen; der zweite Brutnachweis stammt vom 6. 7. 1949 von Großmanns Berg (Nähe Berbisdorf). Bei der Kontrolle von 4 derartigen Gehölzen hörte ich 4 Ortolane singen. Es gibt weit mehr Feldgehölze und wohl auch Ortolane im Gebiet. 1974 fand ich ihn häufig auf den bewaldeten Kuppen zwischen den Feldern hinter Volkersdorf.

Emberiza schoeniclus – Rohrammer
An den Teichen häufiger Brutvogel.

Fringilla coelebs – Buchfink
Häufiger Brutvogel, Gast und Durchzügler.

Serinus canaria – Girlitz
Besonders in den Ortschaften häufiger Vogel.

Carduelis chloris – Grünfink
Häufiger Brutvogel.

Carduelis carduelis – Stieglitz
Häufiger Brutvogel, seit einigen Jahren zunehmend.

Carduelis cannabina – Bluthänfling
Regelmäßiger, nicht seltener Brutvogel und Durchzügler.

Coccothraustes coccothraustes – Kernbeißer
Häufiger Brutvogel.

Pyrrhula pyrrhula – Gimpel
Er kommt regelmäßig, aber nicht häufig in den Nadelwäldern vor. Häufiger Durchzügler und Wintergast.

Passer domesticus – Haussperling
Häufiger Brutvogel.

Passer montanus – Feldsperling
Häufiger Brutvogel.

Sturnus vulgaris – Star
Häufiger Brutvogel. Beachtenswert ist der Starenschlafplatz am Frauenteich, der jedes Frühjahr von Tausenden Durchzüglern aufgesucht wird. PFANDKE schätzte die einfallenden Stare 1974 auf über 50 000. Allabendlich fanden sich (nach PFANDKE, mündlich) bis zu 4 Habichte ein, um Stare zu schlagen.

Oriolus oriolus – Pirol
Der Vogel ist verbreitet, aber nicht häufig. WACHWITZ (mündlich) fand ein Nest bei Radeburg.

Garrulus glandarius – Eichelhäher
Häufiger Brutvogel.

Pica pica – Elster
Die Elster ist verhältnismäßig selten im Gebiet, vielleicht durch die starke Bejagung bedingt.

Corvus monedula – Dohle
Einzelbruten aus den Wäldern sind bekannt. Einzelne Dohlen brüten in den alten Linden am Fasanenschlößchen. WACHWITZ kannte früher Brutvorkommen am Leuchtturm (in der Nähe des Fasanenschlößchens) und auf einer Insel im Unteren Großteich. Dort brütet der Vogel nicht mehr.

Corvus corone – Aaskrähe
Sie ist regelmäßiger Bewohner der Waldränder und Feldgehölze.

Gäste und Durchzügler

Gavia arctica – Prachttaucher
Seltener Durchzügler. Die letzten Beobachtungen erfolgten am 17. 5. 1974 (FEILER) und am 18. 5. 1974 (HUMMITZSCH), im Gebiet die spätesten Frühjahrsbeobachtungen überhaupt. Seit 1933 liegen außerdem 17 Nachweise von 21 Vögeln vor, davon 4 Nachweise vom Frühjahr.

Podiceps auritus – Ohrentaucher
Seltener Durchzügler. Von MAYHOFF (1915) als Durchzügler vermutet und von BURK (1962) bestätigt.

Phalacrocorax carbo – Kormoran

REICHENBACH schrieb (1836, S. 26) „... bisweilen auf dem großen Teich". HELM und WIGLESWORTH (1898/99) haben ihn in Moritzburg nicht beobachten können. Später mehren sich die Nachweise (BERNHARDT 1928, HEYDER 1952) des seltenen Durchzüglers. Ab 1964 sind 17 Nachweise des Kormorans in Moritzburg bekannt geworden, von 1933 bis 1964 etwa doppelt so viele (ULBRICHT 1974). Eine bemerkenswerte Häufung war am 19. 10. 1933 am Frauenteich mit 18 Exemplaren festzustellen (ULBRICHT 1974).

Ardea purpurea – Purpurreiher

Seltener Gast. Nachweise nannte HEYDER (1952). PFANDKE beobachtete einen Vogel am 14. und 15. 6. 1974 am Frauenteich.

Casmerodius albus – Silberreiher

Am 17. 5. 1957 sah PFANDKE 1 Exemplar am Bauernteich. Weitere Nachweise des seltenen Gastes vom August 1964 veröffentlichte HUMMITZSCH (1969).

Egretta garzetta – Seidenreiher

Seltener Gast. LUTZ hat am 31. 5. 1957 einen Seidenreiher am Frauenteich gesehen.

Nycticorax nycticorax – Nachtreiher

Seltener Gast. KATZER (1972) veröffentlichte eine Beobachtung vom 26. 6. 1971: 2 Vögel hielten sich am Mittelteich auf.

Ciconia nigra – Schwarzstorch

Seltener Durchzügler. In der zweiten Hälfte der neunziger Jahre des vorigen Jahrhunderts während des Frühjahr- und Herbstzuges mehrfach beobachtet (HELM und WIGLESWORTH 1898/99). Neuerdings wurde der Vogel einmal von K. BURK und einmal von W. BURK (Daten fehlen) beobachtet. PFANDKE beobachtete am 16. 5. 1965 1 ad. Exemplar am Frauenteich. Im August 1971 sah BEMBENEK einen Vogel am Fischerteich.

Cygnus cygnus – Singschwan

Ende des vorigen Jahrhunderts wurden Ende März (Jahr ?) 3 junge Exemplare gesehen (HELM und WIGLESWORTH 1898/99). Der Vogel wurde weiterhin 1927 von KÖHLER und DIETRICH beobachtet (BURK 1962). Ein weiterer Nachweis gelang mir am 6. 11. 1972, als sich ein junges, nicht ausgefärbtes Tier auf dem dünnen Eis des Frauenteiches aufhielt.

Cygnus bewickii – Zwergschwan

Vom 14. 4.–16. 4. 1941 hielt sich ein Vogel auf dem Frauenteich auf, am 16. 4. 1941 wurde er für die Sammlung geschossen (Prinz ERNST HEINRICH, 1941).

Anser fabalis – Saatgans

Regelmäßiger Durchzügler.

Anser albifrons – Bläßgans

LEONHARDT beobachtete 56 Bläßgänse am 18. 3. 1973 am Frauenteich.

Anser anser – Graugans

Regelmäßiger Durchzügler.

Branta leucopsis – Weißwangengans

LEONHARDT beobachtete mit den 56 Bläßgänsen am 18. 3. 1973 1 Weißwangengans am Frauenteich.

Branta bernicla – Ringelgans

Sie wird von BRAESS (1914) als Durchzügler erwähnt. Obwohl vom Dresdner Raum mehrere Nachweise vorliegen, fehlen weitere Angaben vom Moritzburger Gebiet.

Tadorna ferruginea – Rostgans
REICHENBACH (1836) erwähnte eine Rostgans, die im Moritzburger Gebiet geschossen wurde und in die Dresdener Sammlung kam. Sie ist dort nicht mehr vorhanden.

Tadorna tadorna – Brandgans
Vom Präparator SCHWARZE wurde am 16. 10. 1897 ein ♀ geschossen und unter Nr. C 14706 im Staatlichen Museum für Tierkunde Dresden aufgestellt (Kartei des Museums). Am 31. 8. 1933 wurde ein Jungvogel erlegt (BERNHARDT 1934). BERNHARDT führte in einer unveröffentlichten Übersicht noch 2 weitere Nachweise an, allerdings ohne Datum.

Anas penelope – Pfeifente
Regelmäßiger Durchzügler.

Anas strepera – Mittelente
HELM und WIGLESWORTH (1898/99) sahen sie nicht einmal auf dem Zuge. Von der Mittelente sind bisher niemals Nester oder Jungvögel festgestellt worden. BERNHARDT (1938) nahm zwar die Brut für 1937 an, konnte aber leider keine Beweise beibringen. Der Vogel wurde öfter im April und Mai am Frauenteich gesehen, zuletzt 1 Paar am 23. 5. 1974 von GEIDEL.

Anas acuta – Spießente
Regelmäßiger Durchzügler.

Netta rufina – Kolbenente
2 Nachweise (MAYR 1923, BERNHARDT 1935) aus den dreißiger Jahren sind bekannt. PFANDKE beobachtete am 12. 4. 1958, 13. 4. 1958 und am 18. 4. 1958 je 1 ♂ auf dem Frauenteich. Am 28. 8. 1965, 1. 6. 1974 und 2. 6. 1974 sah er dort je 1 ♀ und am 15. 6. 1974 und 16. 6. 1974 1 ♂. GEIDEL stellte 1 ♀ am 23. 5. 1974 am selben Ort fest.

Aythya marila – Bergente
Sie ist im Gebiet seltener Wintergast und wird demzufolge nur gelegentlich beobachtet. STRESEMANN und HEYDER (1920) veröffentlichten eine Beobachtung MAYHOFFs. BERNHARDT nannte für 1928 einen Nachweis und in einer unveröffentlichten Zusammenstellung von 1930–1944 3 Nachweise. PFANDKE sah am 7. 11. und 17. 11. 1970 je 1 ♀ und am 18. 3. 1974 1 ♂ am Frauenteich.

Somateria mollissima – Eiderente
Am 18. 11. 1953 wurde der sehr seltene Gast (3 Tiere) von BÄSSLER und K. BURK (BURK 1962) beobachtet.

Clangula hyemalis – Eisente
Sehr seltener Wintergast. BERNHARDT (1933) beobachtete am 3. 12. 1932 einen Vogel.

Melanitta nigra – Trauerente
Seltener Gast. BERNHARDT konnte von 1931–1944 nur 3 Nachweise: 1931, 1937, 1944 (LUX 1932, BERNHARDT 1938, HEYDER 1952, BURK 1962) nennen. PFANDKE sah am 29. 11. 1959 ein ♀ auf dem Frauenteich.

Melanitta fusca – Samtente
Seltener Gast im Moritzburger Gebiet, auf dem Niederwarthaer Becken des öfteren beobachtet. BERNHARDT (unveröffentlichtes Diagramm) führte 3 Nachweise aus der Zeit von 1930–1944 auf. Am 27. 12. 1949 sah WACHWITZ einen Erpel auf dem Frauenteich. PFANDKE beobachtete 1 Exemplar am 29. 11. 1959.

Mergus albellus – Zwergsäger
Wintergast. Eine Anzahl Beobachtungen liegen vor.

Mergus serrator – Mittelsäger
Seltener Durchzügler. PFANDKE beobachtete am 5. 4. 1958, 12. 4. 1968, 7. 11. 1970 und am 9. 12. 1972 je 1 ♀ am Frauenteich.

Mergus merganser – Gänsesäger
Regelmäßiger Wintergast.

Aquila chrysaëtos – Steinadler
ZENKER beobachtete einen Vogel im Winter 1972. Da er selbst einen Steinadler als Beizvogel besitzt, besteht kein Zweifel an der richtigen Bestimmung.

Aquila clanga – Schelladler
K. BURK, LUTZ, BÖTTNER und LEYFARTH haben den Vogel am 22. 3. 1953 am Frauenteich gesehen.

Buteo lagopus – Rauhfußbussard
Regelmäßiger Durchzügler und Wintergast.

Haliaëtus albicilla – Seeadler
Einzelne Seeadler sind fast alljährlich zu sehen.

Circus cyaneus – Kornweihe
Durchzügler.

Circus pygargus – Wiesenweihe
Seltener Durchzügler. LUTZ sah am 21. 4. 1963 einen Vogel. Die am 6. 6. 1947 von BERNHARDT und BÄUERLE beobachteten Vögel (HEYDER 1952) sind nach Tagebuchaufzeichnungen in der Nähe der Waldschänke gesehen worden.

Circaëtus gallicus – Schlangenadler
Allein 3 von den wenigen sächsischen Funden liegen nach HEYDER (1952) aus dem Moritzburger Gebiet vor. Wie Nachforschungen ergaben, wurde der eine Vogel am 28. 10. 1934 nicht tot gefunden, sondern nachdem er auf der Münchenhau angeschossen worden war, noch lebend aufgegriffen und zu BERNHARDT gebracht, wo er starb.

Pandion haliaëtus – Fischadler
Regelmäßiger Durchzügler.

Falco rusticolus – Gerfalke
ZENKER hat im Winter 1962 zweimal je einen Vogel gesehen.

Falco columbarius – Merlin
Durchzügler.

Grus grus – Kranich
Durchzügler. Im Frühjahr verweilt er selten im Gebiet. 1962 im März wurden 2 Tiere bei Bärwalde gesehen (Unterlagen der Außenstelle). JÄGER sah am 31. 3. und 14. 4. 1973 2 Stück in der Nähe des Frauenteiches.

Porzana parva – Kleines Sumpfhuhn
Durchzügler. HEYDER (1952) erwähnte 1 Exemplar vom 2. 9. 1936.

Haematopus ostralegus – Austernfischer
REICHENBACH (1836) erwähnte ihn als am Dippelsdorfer Teich geschossen.

Charadrius hiaticula – Sandregenpfeifer
Regelmäßiger Durchzügler.

Pluvialis squatarola – Kiebitzregenpfeifer
Seltener Durchzügler.

Pluvialis apricaria – Goldregenpfeifer
Seltener Durchzügler. Nachweis bei MAYHOFF (1920).

Arenaria interpres – Steinwälzer
1 Nachweis (BERNHARDT 1938).

Lymnocryptes minimus – Zwergschnepfe
MAILICK hat im Herbst 1970 einen Vogel mit dem Sperber gebeizt (genaue Daten fehlen). PFANDKE beobachtete am 26. 4. 1970, 25. 4. 1971 und am 4. 4. 1973 je 1 Exemplar.

Scolopax rusticola – Waldschnepfe
Durchzügler. Zur Brutzeit wurde sie regelmäßig von W. BURK in seinem Jagdgebiet zwischen Moritzburg und Steinbach beobachtet.

Numenius arquata – Großer Brachvogel
Durchzügler. Im April 1973 hörte ich vierzehn Tage lang regelmäßig den Ruf des Vogels am Oberen Großteich im Wiesengelände.

Numenius phaeopus – Regenbrachvogel
Durchzügler. Von MISSBACH (mündlich) wurde Anfang der fünfziger Jahre ein totes Tier aufgefunden, es gelangte in die Sammlung des Staatlichen Museums für Tierkunde Dresden.

Limosa limosa – Uferschnepfe
Seltener Durchzügler. Nachweise bei MAYHOFF (1920) und in unveröffentlichten Tagebuchaufzeichnungen (6. 4. 1928). PFANDKE hat sie zweimal beobachtet (18. 4. 1960 1 Ex. u. 1. 5. 1960 1 Ex.); ULBRICHT einmal am 3. 5. 1972.

Limosa lapponica – Pfuhlschnepfe
Seltener Durchzügler. Mehrere Nachweise liegen von BERNHARDT vor (HEYDER 1952, BERNHARDT 1938, HEYDER 1962). Am 13. 3. 1958 beobachtete PFANDKE die Art.

Tringa erythropus – Dunkler Wasserläufer
Regelmäßiger Durchzügler.

Tringa nebularia – Grünschenkel
Verhältnismäßig häufiger Durchzügler.

Tringa glareola – Bruchwasserläufer
Regelmäßiger Durchzügler.

Tringa hypoleucos – Flußuferläufer
Regelmäßiger Gast und Durchzügler.

Calidris canutus – Knutt
Seltener Durchzügler. Nachweise bei HEYDER (1952).

Calidris minuta – Zwergstrandläufer
Durchzügler, relativ selten.

Calidris temminckii – Temminckstrandläufer
Nachweise nicht häufig.

Calidris alpina – Alpenstrandläufer
Häufiger Durchzügler.

Calidris ferruginea – Sichelstrandläufer
Seltener Durchzügler.

Calidris alba – Sanderling
Mehrere Nachweise bei HEYDER (1952).

Philomachus pugnax – Kampfläufer
Durchzügler.

Recurvirostra avosetta – Säbelschnäbler
BERNHARDT und WACHWITZ beobachteten 1 Exemplar am 11. 10. 1948 am Großteich.

Himantopus himantopus – Stelzenläufer
WACHWITZ (mündlich) beobachtete einen Vogel am 22. 5. 1952 am Frauenteich.

Phalaropus lobatus – Odinshühnchen
Seltener Durchzügler. Mehrere Nachweise nannte HEYDER (1952). JÄGER sah am 21. 8. 1971 am Dippelsdorfer Teich einen Vogel. Ein jahreszeitlich sehr später Nachweis eines ♀ vom 26. 5. 1972 abends und vom 27. 5. 1972 morgens liegt vom Hafen am Unteren Großteich vor (HOFFMANN, ZENKER, FEILER, MUSCHTER).

Cursorius cursor – Rennvogel
1889 am Dippelsdorfer Teich geschossen (HEYDER 1952).

Stercorarius skua – Große Raubmöwe
Ein Nachweis vom 29. 9. 1948 (HEYDER 1952).

Larus fuscus – Heringsmöwe
Mehrere Nachweise (1914, 1936, 1940) wurden von HEYDER genannt.

Larus canus – Sturmmöwe
Als Durchzügler öfters beobachtet.

Larus minutus – Zwergmöwe
Durchzügler. Eine größere Anzahl Beobachtungen liegen vor (HEYDER 1952, 1962). Aus letzter Zeit Nachweise von PFANDKE am 7. 5. 1959 1 Ex., vom 8. 5.–13. 6. 1965 2 Ex. beobachtet. Ende August 1972 beobachteten GEIDEL und FEILER und Ende September GEIDEL je 1 Zwergmöwe.

Chlidonias leucoptera – Weißflügelseeschwalbe
Seltener Gast. Es liegen zwei Nachweise vor (BURK 1962): 10–12 Stück am 19. 6. 1917 am Dippelsdorfer Teich (HOFFMANN 1917, HEYDER 1952); WACHWITZ und LUTZ beobachteten am 22. 5. 1952 6 Stück am Frauenteich.

Hydroprogne caspia – Raubseeschwalbe
Am 12. 9. 1967 beobachtete PFANDKE 7 Stück am Frauenteich.

Sterna paradisea – Küstenseeschwalbe
1 Exemplar wurde am 1. 5. 1944 bei Moritzburg geschossen (HEYDER 1952).

Sterna albifrons – Zwergseeschwalbe
Früher, als diese Seeschwalbe noch an der Elbe brütete, war die Art sicherlich häufiger. Aus letzter Zeit ist nur 1 Nachweis bekannt (HEYDER 1952).

Coracias garrulus – Blauracke
WACHWITZ und PFANDKE sahen 2 Vögel am 24. 8. 1957 bei Bärwalde.

Dendrocopos medius – Mittelspecht
BERNHARDT hörte ihn am 29. 3. 1926 in der Nähe des Schlosses rufen (Tagebuch).

Eremophila alpestris – Ohrenlerche
PFANDKE sah am 30. 1. 1966 24 Exemplare und am 7. 3. 1970 1 Exemplar in der Nähe des Frauenteiches.

Galerida cristata – Haubenlerche
Gelegentlicher Gast.

Riparia riparia – Uferschwalbe
Regelmäßiger Gast.

Lanius senator – Rotkopfwürger
Am 18. 5. 1949 hat WACHWITZ 1 Exemplar in Berbisdorf beobachtet. JÄGER sah 1 Exemplar am 12. 9. 1967 und GEIDEL am 15. 9. 1967 bei Reichenberg. PFANDKE stellte am 16. und 17. 8. 1962 1 ♂ im Frauenteichgebiet fest. LEONHARDT beobachtete am 25. 5. 1974 einen Vogel am Köckritzteich.

Bombycilla garrulus – Seidenschwanz
Regelmäßiger Wintergast. Besonders häufig am Fasanenschlößchen in den Misteln der alten Linden.

Locustella luscinioides – Rohrschwirl
PFANDKE hörte ihn am 5. 6. und 7. 6. 1972 am Frauenteich singen. ULBRICHT stellte ihn 1972, am 3. 5. (1 ♂), 8. 6. (1 ♂) und am 11. 6. (1 ♂, 1 ♀) dort fest. Er äußerte Brutverdacht.

Acrocephalus paludicola – Seggenrohrsänger
BERNHARDT (1938) beobachtete ihn 1937 im September mehrmals.

Ficedula parva – Zwergschnäpper
Am 5. 9. 1965 beobachtete PFANDKE 1 ♀ im Tiergarten am Frauenteich.

Luscinia svecica – Blaukehlchen
Es wurde mehrmals beobachtet, z. B. von PFANDKE am 11. 9. 1966 1 ♂. Anfang der siebziger Jahre beobachtete am Unteren Waldteich GEIDEL zuerst 4 Exemplare, später 2, die sich vierzehn Tage lang aufhielten. Er vernahm Gesang.

Turdus iliacus – Rotdrossel
Regelmäßiger Durchzügler und Wintergast.

Turdus torquatus – Ringdrossel
PFANDKE hat 1 Exemplar beobachtet. Genaue Daten fehlen.

Plectrophenax nivalis – Schneeammer
PFANDKE beobachtete am 1. 1. 1971 2 ♂ und am 9. 1. 1971 1 ♀.

Fringilla montifringilla – Bergfink
Regelmäßiger, häufiger Durchzügler und Wintergast.

Carduelis spinus – Erlenzeisig
Obwohl sich Angaben über die Beobachtungen zur Brutzeit auch für das Moritzburger Gebiet häufen (HEYDER 1952), fehlen Brutnachweise.

Carduelis flammea – Birkenzeisig
In manchen Jahren häufiger Durchzügler und Wintergast. So beobachtete z. B. BERNHARDT am 10. 2. 1949 200–300 Vögel in der Nähe des Fasanenschlößchens und ULBRICHT rund 200 Vögel am 26. 12. 1972 am Dippelsdorfer Teich.

Carduelis flavirostris – Berghänfling
Er wurde gelegentlich gesehen. ULBRICHT beobachtete am 26. 12. 1972 60–70 Stück am Dippelsdorfer Teich und am 15. 2. 1974 42 Stück am Frauenteich. PFANDKE beobachtete am 9. 12. 1973 7 Exemplare am Frauenteich.

Loxia pytiopsittacus – Kiefernkreuzschnabel
Seltener Gast. PFANDKE fand die Rupfung eines Altvogels am 7. 5. 1965.

Loxia curvirostra – Fichtenkreuzschnabel
Unregelmäßiger Durchzügler.

Nucifraga caryocatactes – Tannenhäher
In den Invasionsjahren 1954/55 beobachtet.

Corvus frugilegus – Saatkrähe
Häufiger Durchzügler und Wintergast.

Corvus corax – Kolkrabe
Am Rande eines Krähenschwarmes sah ich Ende November 1972 dreimal in einer Woche einen Kolkraben. Wahrscheinlich war es ein aus der Gefangenschaft entflogenes Tier aus Riesa.

Zusammenfassung

Seit etwa 100 Jahren sind 139 Brutvogelarten im Moritzburger Gebiet (nördlich von Dresden) festgestellt worden. Bruten des Waldwasserläufers, der Trauerseeschwalbe und der Sumpfohreule sind zweifelhaft.

Eine Anzahl Arten hat nur gelegentlich im Gebiet gebrütet, so Fischreiher, Halsbandschnäpper und Schlagschwirl.

Durch Einengung und Ausweitung der Brutgebiete und durch den Einfluß der Bewirtschaftungsmaßnahmen in Land-, Forst- und Wasserwirtschaft sowie durch Jagd, Naturschutz und Bebauung der Landschaft sind Arten verschwunden oder neue hinzugekommen. Es brüten neben den oben angezweifelten Brutvögeln nicht mehr im Gebiet: Wiedehopf, Flußseeschwalbe, Rotschenkel, Birkhuhn, Schellente, Zwergrohrdommel, Große Rohrdommel und Wanderfalke.

Brutvögel, die sich neu angesiedelt haben, sind: Türkentaube, verwilderte Haustaube, Roter Milan, Schwarzer Milan. Sehr zugenommen haben Reiherente und Höckerschwan.

98 Arten wurden als Gäste und Durchzügler festgestellt.

Die Naturschutzmaßnahmen wirken sich positiv aus. Sie sind in Anbetracht der wesentlichen Veränderungen an den Teichen erforderlich, um eine mannigfaltige Vogelwelt zu erhalten.

Summary

ANNOTATED LIST OF BREEDING BIRDS, VISITORS, AND MIGRANTS IN THE AREA OF MORITZBURG

139 breeding bird species have been detected for about 100 years in the area of Moritzburg (north of Dresden). It is doubtful whether the Green Sandpiper, Black Tern, and Short-eared Owl are breeding here.

Some species have been breeding in this area only occasionally, e. g. the Common Heron, White-collared Flycatcher, and River Warbler.

Some species have disappeared, other ones newly appeared since breeding areas have been narrowed and expanded. Other causes are cultivation measures in agriculture, sylviculture, and water supply as well as hunting, protection of nature, and development of surroundings. In addition to the above mentioned doubtful species, the Hoopoe, Common Tern, Redshank, Black Grouse, Golden-eye, Little Bittern, Bittern, and Peregrine Falcon are no more breeding in the area.

Newly settled breeding birds are the Collared Turtle-Dove, wild House-Pigeon, Kite, Black Kite. The Tufted Duck and Mute Swan increased distinctly.

98 species have been found to be visitors and migrants.

Measures for protection of nature have fortunate results. They are required to maintain a great diversity of birds in spite of essential changes around the lakes.

Literatur

AUTORENKOLLEKTIV, 1973: Lößnitz und die Moritzburger Teichlandschaft. Werte unserer Heimat, Bd. 22. Berlin.

BERNHARDT, P., 1921: Die Schellente im Moritzburger Teichgebiet. – Mitt. Landesver. Sächs. Heimatschutz, **10**, S. 175–178.

BERNHARDT, P., 1923: Ornithologische Beobachtungen aus dem Moritzburger Teichgebiet (1919–1921). – Mitt. Ver. sächs. Ornith., **1**, S. 37–47.

BERNHARDT, P., 1928: Über die Verbreitung und Biologie der Schellente, *Bucephala cl. clangula* (L.). – Mitt. Ver. sächs. Ornith., **2**, S. 149–157, 218–223.

BERNHARDT, P., 1928: Kormorane, *Phalacrocorax carbo* (L.), in Moritzburg. – Mitt. Ver. sächs. Ornith., **2**, S. 119.

BERNHARDT, P., 1928: Beobachtungen an der Schellente. – Beitr. z. Fortpflanzungsbiologie d. Vögel, **4**, S. 85–88.

BERNHARDT, P., 1930: Erfahrungen und Beobachtungen bei Raubvogelberingungen. – Mitt. Ver. sächs. Ornith., **3**, S. 10–19.

BERNHARDT, P., 1932: Die Sperbergrasmücke, *Sylvia nisoria* (Bechst.), als Brutvogel der Dresdener Gegend. – Mitt. Ver. sächs. Ornith., **3**, S. 269.

BERNHARDT, P., 1933: Eisente, *Clangula hyemalis* (L.), in Moritzburg. – Mitt. Ver. sächs. Ornith., **4**, S. 34–35.

BERNHARDT, P., 1934: Brandgans, *Tadorna tadorna* (L.), in Moritzburg. – Mitt. Ver. sächs. Ornith., **4**, S. 122.

BERNHARDT, P., 1935: Der Braune Milan, *Milvus m. migrans* (Bodd.), Brutvogel in Sachsen. – Mitt. Ver. sächs. Ornith., **4**, S. 291–293.

BERNHARDT, P., 1935: Zwei Seltenheiten in Moritzburg. *Circaëtus gallicus* (Gm.) und *Netta rufina* (Pall.). – Mitt. Ver. sächs. Ornith., **4**, S. 306.

BERNHARDT, P., 1935: Zieht *Charadrius h. hiaticula* (L.) durch Sachsen? – Mitt. Ver. sächs. Ornith., **4**, S. 239–240.

BERNHARDT, P., 1938: Beobachtungen im Moritzburger Teichgebiet im Jahre 1937. – Mitt. Ver. sächs. Ornith., **5**, S. 197–200.

BERNHARDT, P., 1940: Beitrag zur Biologie der Schellente (*Bucephala clangula*). – Journ. Ornith., **88**, S. 488–497.

BERNHARDT, P., 1941: Der Wanderfalk, *Falco peregrinus germanicus* (Erl.), Brutvogel in Moritzburg. – Journ. Ornith., **6**, S. 226–227.

BERNHARDT, P., 1949: Der Kiebitzbestand der letzten Jahrzehnte im Moritzburger Teichgebiet. – Mitt. Ver. sächs. Orn., S. 21–26.

BRAESS, M., 1914: Ein Vogelparadies Sachsens. – Mitt. Landesver. Sächs. Heimatschutz, **4**, H. 4, S. 133–143.

BURK, K., 1962: Von der Vogelwelt des NSG „Moritzburger Teichgebiet". – Naturschutzarbeit und naturkundliche Heimatforschung in Sachsen, **4**, H. 2, S. 33–40.

CREUTZ, G., 1965: Das Brutvorkommen der Lachmöwe in der DDR. Chronik der Lachmöwenkolonien. – Falke, **12**, S. 256–283 und 310–315.
DATHE, H., 1949: Der Kiebitzregenpfeifer, *Squatarola squatarola* (L.), in Sachsen. – Beitr. Vogelk., **1**, S. 54–97.
DITTMANN, E., BERNHARDT, P. und ZIMMERMANN, R., 1928: Veränderungen im Bestande der Lachmöwe, *Larus r. ridibundus* (L.), östlich der Elbe. – Mitt. Ver. sächs. Ornith., **2**, S. 164–165.
DITTMANN, E., 1931: *Motacilla flava thunbergi* (Billbg.) in Moritzburg. – Mitt. Ver. sächs. Ornith., **3**, S. 180.
ECK, S., 1973: Der Schlagschwirl bei Dresden. – Falke, **20**, S. 98–99.
ECK, S. und GEIDEL, B., 1968: Die Weidenmeise in der Umgebung von Dresden. – Falke, **15**, S. 350–351.
ERNST HEINRICH, Prinz, 1941: Zwergschwan, *Cygnus bewickii* Yarrell, in Moritzburg. – Mitt. Ver. sächs. Ornith., **6**, S. 231–232.
FEILER, A., 1967: Der Rückgang des Birkwildes, *Lyrurus tetrix*, in Ostsachsen und Südbrandenburg und seine Ursachen. – Beitr. Vogelk., **13**, S. 89–106.
FEILER, A., 1972: Außenstelle Fasanenschlößchen des Staatlichen Museums für Tierkunde Dresden. Ein Führer durch die vogelkundliche Ausstellung. Dresden.
GÜNTHER, M., 1956: Der Weiße Storch in den Kreisen Riesa und Großenhain. – Falke, **3**, S. 163–164.
HELM, F., 1893: Ornithologische Beobachtungen an den Teichen von Moritzburg. – Ornith. Mschr., **18**, S. 270–274 und 336–342.
HELM, F., 1905: Ornithologische Beobachtungen. – Journ. Ornith., **53**, S. 563–600.
HELM, F., 1898–1899: Der Dippelsdorfer Teich bei Moritzburg. – Abh. u. Ber. d. Königl. Zool. Anthropol.-Ethnograph. Museums Dresden, **7**, S. 76–83.
HELM, F. und WIGLESWORTH, 1898–1899: Einige Angaben über im Königreich Sachsen seltenere, auf Moritzburger Gebiet vorkommende Vögel. – Abh. u. Ber. d. Königl. Zool. Anthropol.-Ethnograph. Museums Dresden, **7**, S. 78–83.
HEYDER, R., 1916: Ornis Saxonica. – Journ. Ornith., S. 165–228, 277–324 und 429–488; mit Zusätzen von H. MAYHOFF: S. 467, 483 und 488.
HEYDER, R., 1952: Die Vögel des Landes Sachsen. Leipzig.
HEYDER, R., 1962: Nachträge zur sächsischen Vogelfauna. – Beitr. Vogelk., **8**, S. 1–106.
HOFFMANN, B., 1917: Weißflügelige Seeschwalben, *Hydrochelidon leucoptera* (Schinz), am Dippelsdorfer Teich in Sachsen. – Orn. Mber., **25**, S. 147–148.
HOFFMANN, B., 1919: Uferschwalbensiedlung bei Niederrödern. – Verh. Ornith. Ges. Bayern, **14**, S. 92.
HUMMITZSCH, P., 1969: Silberreiher im Gebiet von Dresden. – Falke, **6**, S. 211.
KATZER, B., 1972: Nachtreiher im Moritzburger Teichgebiet. – Falke, **4**, S. 139.
KÖHLER, R., 1928: Über einige Beobachtungen des Halsbandfliegenfängers, *Muscicapa albicollis* (Temm.), in Moritzburg und seiner Umgebung. – Mitt. Ver. sächs. Ornith., **2**, S. 102–108.
LUX, B., 1932: Beobachtungen einiger seltener Durchzügler und Wintergäste in Ostsachsen im Herbst und Winter 1931–1932. – Mitt. Ver. sächs. Ornith., **3**, S. 223–229.
MAYHOFF, H. und SCHELCHER, R., 1915: Beobachtungen im Gebiet der Moritzburger Teiche 1906–1914. – Ornith. Mschr., **40**, S. 268–286, 289–306, 323–340, 364–379 und 385–395.
MAYHOFF, H., 1920: Von den Brutvögeln des Moritzburger Teichgebietes. – Verh. Ornith. Ges. Bayern, **14**, Sonderheft, S. 3–63.
MAYR, E., 1923: Die Kolbenente auf dem Durchzuge in Sachsen. – Ornith. Mber., **31**, S. 135–136.
PÄTZOLD, R., 1972: Aus Moritzburgs Vogelwelt. – Sächs. Heimatblätter, H. 2, S. 91–97.
REICHENBACH, H. G.L., 1836: Das Königl. Sächsische Museum in Dresden. Leipzig.
SCHALOW, H., 1897: Über Vögel des Dippelsdorfer Teiches. – Ornith. Mber., **5**, S. 118.
STRESEMANN, E. und HEYDER, R., 1920: Zugbeobachtungen an Wasservögeln in Mittelsachsen. – Verh. Ornith. Ges. Bayern, **14**, Sonderheft, S. 64–88.
ULBRICHT, J., 1974: Zum Vorkommen von Kormoranen (*Phalacrocoracidae*) und Seetauchern (*Gaviidae*) im mittleren Oberelbe-Röder-Gebiet. – Beitr. Vogelk. (im Druck).
WEISSMANTEL, P., 1924: Über Vorkommen und Lebensweise der Zwergrohrdommel in Sachsen. – Mitt. Ver. sächs. Ornith., **1**, S. 89–98.

WIDEMANN, G., BERNHARDT, P., MEISE, W. und HEYDER, R., 1937: Gehäuftes Erscheinen von *Tadorna tadorna* (L.) in Mitteldeutschland. – Mitt. Ver. sächs. Ornith., **5**, S. 159–161.

ZIMMERMANN, R. und KÖHLER, R., 1929: Über das Vorkommen der Weidenmeise, *Parus atricapillus salicarius* Brehm, in Sachsen und den nördlich bezw. nordöstlich angrenzenden Landschaften preußischen Anteils. – Mitt. Ver. sächs. Ornith., **2**, S. 235 und 256.

ZIMMERMANN, R. und SCHOLZE, W., 1935: Das Vorkommen des Weißen Storches, *Ciconia c. ciconia* (L.), und die Wiederzunahme seines Bestandes seit 1928. – Mitt. Ver. sächs. Ornith., **4**, S. 147–174.

ZIMMERMANN, R., 1937: Die Bestandesveränderungen beim Weißen Storch, *Ciconia c. ciconia* (L.), in Sachsen seit dem Jahre 1934. – Mitt. Ver. sächs. Ornith., **5**, S. 151–156.

Anschrift des Autors:

Dr. Alfred Feiler, Staatliches Museum für Tierkunde Dresden,
Außenstelle Moritzburg, DDR – 8105 Moritzburg, Fasanenschlößchen.

III-28-2 D 280/74

ZOOLOGISCHE ABHANDLUNGEN
STAATLICHES MUSEUM FÜR TIERKUNDE IN DRESDEN

Band 33 Ausgegeben: 25. Juni 1975 Nr. 14

Eine neue Subspezies der Nachtigall, Luscinia megarhynchos
(Aves, Turdidae)

SIEGFRIED ECK
Dresden

Diese Neubeschreibung ist ein etwas abgewandelter Auszug aus einem 1971 fertiggestellten Manuskript, das zum Druck in den „Beiträgen zur Vogelkunde" vorgesehen ist. Dort finden sich weitere Einzelheiten.

Nachtigallen sind in den Sammlungen selten, doch konnte ich dank des Entgegenkommens der Herren Dr. G. DIESSELHORST (Bayerische Staatssammlung, München), Dr. A. KEVE (damals Madártani Intézet, Budapest), Pfarrer H. KLEINSCHMIDT (Forschungsheim Wittenberg), Dr. G. MAUERSBERGER (Naturkunde-Museum Berlin) und Dr. h. c. H. E. WOLTERS (Museum A. Koenig, Bonn) 128 Bälge aus dem gesamten Verbreitungsgebiet untersuchen.

Die aus dem Raum nördlich und westlich der Karpaten (zuzüglich dreier westafrikanischer Wintergäste) vorgelegenen 25 Bälge repräsentieren *Luscinia megarhynchos megarhynchos* BREHM (Handb. Naturgesch. Vög. Deutschlds., 1831, p. 356). Ihr südwestlich gerichteter Zug führt sie nicht mit den Populationen des Balkans usw. zusammen. Von letzteren lagen 62 Bälge vor, allein 47 (41 ♂♂, 6 ♀♀) aus dem Flußgebiet des Vardar (Jugoslawien). Die Nachtigallen Südosteuropas sind größer und grauer als die ssp. *megarhynchos* und sollen deshalb als

Luscinia megarhynchos bährmanni ssp. n.

abgetrennt werden. Ich widme sie dem durch seine subtilen morphologischen Untersuchungen hochgeschätzten Ornithologen Dr. h. c. UDO BÄHRMANN (Lauchhammer).

Terra typica: Veles am Vardar, Jugoslawien.

Holotypus: Veles, ♂, 9. IV. 1918, Zoologische Sammlung des Bayerischen Staates, München, Nr. 18.2469.

Diagnose: In den Extrem- wie in den Durchschnittsmaßen größer als *L. m. megarhynchos* (mit Tendenz zu etwas gestreckter Flügelspitze). Das oberseits graue Färbungsextrem sowie mitunter etwas gelbliche Oberschwanzdecken finden sich bei der ssp. *megarhynchos* nicht.

Was den Färbungsunterschied betrifft, so sei hervorgehoben, daß keine frischen mit alten Bälgen verglichen wurden. Es handelt sich durchweg um ältere Bälge.

	Flügel	Flügelspitze	Schwanz
L. m. megarhynchos			
♂ und ♀, n = 25	79–87 (M: 83,6)	21–27 (M: 23,7)	62–71 (M: 66,7)
L. m. bährmanni			
♂, n = 41	83–90 (M: 86,9)	22–28 (M: 25,7)	65–74 (M: 69,1)
♀, n = 6	83–86	23–26	63–69

	Handflügelindex	Schwanzflügelindex
L. m. megarhynchos		
n = 25	25,6–31,4 %	76,4–84,1 %
L. m. bährmanni		
n = 62	26,2–32,9 %	75,3–85,4 %

Meßmethode: Flügel nach Methode KLEINSCHMIDT; Flügelspitze: von der Spitze der äußersten Armschwinge bis zur längsten Handschwinge am zusammengelegten Flügel, Schwanz vom Austritt des mittleren Federpaares aus der Haut bis zur Schwanzspitze. Maße in mm, M = Mittelwert.

Maßangaben in der Literatur finden sich in der ausführlichen, oben genannten Darstellung sowie in den Zool. Abh. Mus. Tierk. Dresden, 32, 1973, pp. 107–111. ROKITANSKY und SCHIFTER (Ann. Naturhistor. Mus. Wien, 75, 1971, p. 527) teilen die Flügellängen zweier türkischer Nachtigallen vom 10. und 20. Mai mit: 84 mm, 88 mm!

Neuerdings hat WOLTERS (Charadrius, 9, 1973, p. 36) die Zusammengehörigkeit von Nachtigall und Sprosser in einer Superspezies betont. Wir hätten danach in dieser Superspezies drei Gruppen zu unterscheiden:

1. *luscinia*-Gruppe: spitzflüglig, relativ kurzschwänzig. Schwanzflügelindex (n = 35) 72,4–81,9 %.

2. *megarhynchos*-Gruppe: rundflüglig, relativ langschwänzig (Schwanzflügelindex bis 85,4 %, s. o.). In diese Gruppe gehören *bährmanni, tauridae* usw.

3. *hafizi*-Gruppe: rundflüglig wie die vorige Gruppe, extrem relativ langschwänzig mit starker Schwanzstufung (Schwanzflügelindex von 8 *hafizi* und 9 *africana* 84,5–90,1 %).

Summary

A NEW SUBSPECIES OF NIGHTINGALE, LUSCINIA MEGARHYNCHOS

The Nightingales of South-Eastern Europe are separated as *Luscinia megarhynchos baehrmanni* ssp. n. Terra typica: Veles on Vardar, Yugoslavia. In comparison with the subspecies *megarhynchos* the subspecies *baehrmanni* is bigger and more grey.

Anschrift des Autors:

Siegfried Eck, Staatliches Museum für Tierkunde, DDR – 801 Dresden, Augustusstraße 2.

ZOOLOGISCHE ABHANDLUNGEN
STAATLICHES MUSEUM FÜR TIERKUNDE IN DRESDEN

Bd. 33 Ausgegeben: 15. Juli 1975 Nr. 15

Bemerkungen und Untersuchungen über Ovis ammon musimon PALLAS, 1811[1]) von den Inseln Sardinien und Korsika sowie über in Mitteleuropa eingebürgertes Muffelwild

(Mammalia, Ruminantia, Ovinae)

Mit 1 Diagramm und 12 Fotos

ALFRED FEILER
Moritzburg

Der Bestand des Muffelwildes auf seinen Heimatinseln Korsika und Sardinien ist im Vergleich zu dem der Aussetzungsgebiete gering (HALTENORTH 1963, TÜRCKE und SCHMINCKE 1965, PFEFFER 1967, MÜLLER-USING 1968). Während rund 20 000 Mufflons das europäische Festland bewohnen, davon allein in der DDR etwa 1 500 (LAMSTER und WUTTKY 1973), leben höchstens 1 000 auf den beiden Mittelmeerinseln.

Die Muffelwildvorkommen auf Sardinien und Korsika schienen bereits vor Jahrzehnten durch intensive Jagd von der Ausrottung bedroht. Um so erfreulicher war für Tierfreunde und Jäger die erfolgreiche Einbürgerung des Wildschafes auf dem europäischen Festlande. 1732 in Österreich beginnend (NIETHAMMER 1963), folgten erst zögernd, später häufiger, weitere Einbürgerungen. Heute ist der Mufflon vielerorts eine bekannte, jagdlich interessante und jagdwirtschaftlich bedeutsame Wildart. Unverstand und merkantile Gründe führten leider zu Einkreuzungen von Hausschafen, wie Zackelschafen und Heidschnucken sowie asiatischen Wildschafen, so z. B. des Kreishornschafes. Begünstigt durch das Erscheinungsbild der Mischlinge, die schon bald nach der Fremdbluteinkreuzung wieder muffelwildähnliche Färbung aufwiesen, waren diese „gefälschten Muffel" schwer zu erkennen. Das bestätigte bereits TESDORPF (1910), der im Ostharz eines der reinrassigsten Muffelwildvorkommen des Festlandes begründete. Die meisten Tiere des letztgenannten Bestandes stammten aus Zoologischen Gärten, einer in bezug auf Rassereinheit der gehandelten Tiere unzuverlässigen Quelle. Von einigen Autoren wird sogar die Rassereinheit sardinischer und korsikanischer Mufflons angezweifelt, sie sollen sich mit Hausschafen gekreuzt haben (WUTTKY 1961). ULOTH (1963) fragt deshalb: „Wo ist die Grenze zwischen reinblütigem und mischblütigem Muffelwild zu ziehen?" Wenn in alle Mufflons Hausschafe eingekreuzt wären, dann wären rassereine Tiere bereits ausgestorben. Ein Vergleich korsikanischer und sardinischer Tiere mit den eingebürgerten wäre wenig sinnvoll, weil alle Mufflons mehr oder weniger Mischlings-

[1] NADLER u. a. (1973) gliedern im Ergebnis ihrer Chromosomenuntersuchungen die eurasiatischen Wildschafe in verschiedene Arten auf; *Ovis ammon musimon* heißt dort wieder *Ovis musimon musimon*. Unterschiedliche Chromosomenzahlen sind bei gleichen Arten und sogar bei gleichen Unterarten wiederholt nachgewiesen worden, sie sind kein Kriterium für Artverschiedenheit. HERRE (1967) sowie HERRE und RÖHRS (1973) äußern sich sehr kritisch zur taxonomischen Arbeit auf der Grundlage unterschiedlicher Chromosomenzahlen. Der Verfasser behält deshalb den Namen *Ovis ammon musimon* bei.

charakter aufweisen würden. Es würde dann schwer sein, die ursprünglichen Merkmale der Mufflons auf den Mittelmeerinseln herauszufinden und die möglicherweise abgewandelten Merkmale zu erkennen.

Sehr wahrscheinlich sind jedoch die Mufflons in ihren Heimatgebieten rasserein. Die Einkreuzung von Hausschafen in wildlebende Mufflons ist unbewiesen. Wilde Mufflons kreuzen sich nach TESDORPF (1910) nicht mit Hausschafen. Das bestätigt auch HEUELL (1972) an einem Beispiel aus Rheinland-Pfalz. Dort weideten mehrere tausend Hausschafe in einem von Mufflons bewohnten Gebiet. Es ist kein Fall einer Einkreuzung bekannt geworden, weder bei den Hausschafen, noch bei den Mufflons. Mufflons meiden Hausschafherden wegen der Hirtenhunde. Gelegentliche Kreuzungen dürften auch wegen der kurzen Brunstzeit der Mufflons kaum vorkommen. Verwilderte Hausschafe, die eine Kreuzung leichter ermöglichen würden, fehlen offenbar auf den genannten Mittelmeerinseln. Umgekehrt ist eine Kreuzung zahmer Mufflons mit Hausschafen nicht ungewöhnlich. Bereits CETTI (1783) war die leichte Zähmbarkeit sardinischer Muffellämmer bekannt. TESDORPF hat überwiegend solche zahmen Lämmer aus Sardinien für die Aussetzung im Ostharz erhalten. Im unglücklichsten Falle haben vielleicht schon Sardinier oder Korsen „gefälschte Muffel" exportiert.

Die Abtrennung der nicht rassereinen Mufflons von den rassereinen, d. h. den Tieren von Korsika und Sardinien, ist offenbar möglich. Sie ist Voraussetzung für die Bewertung und Beurteilung der Unterart *Ovis ammon musimon* PALLAS, 1811. Die morphologische, ökologische und ethologische Charakteristik dieser Subspezies, wie

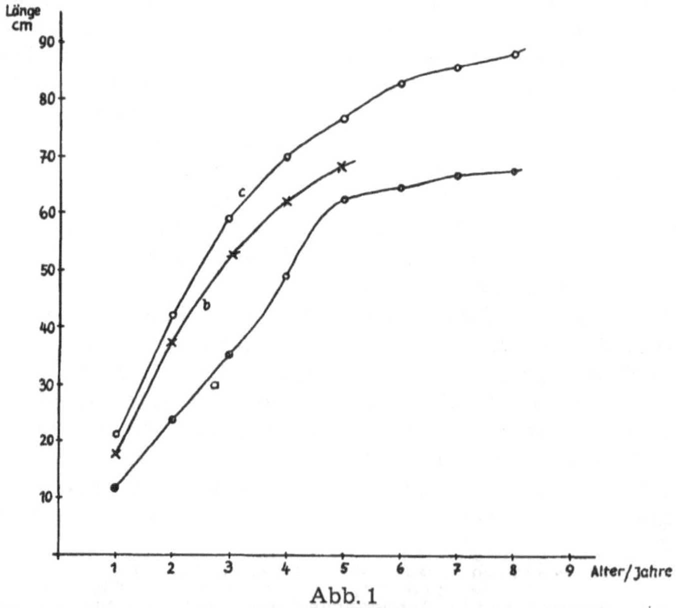

Abb. 1
Summenkurven des Schneckenzuwachses der Muffelwidder von Korsika und Sardinien (a), vom Tharandter Wald (b) sowie vom Harz (c).

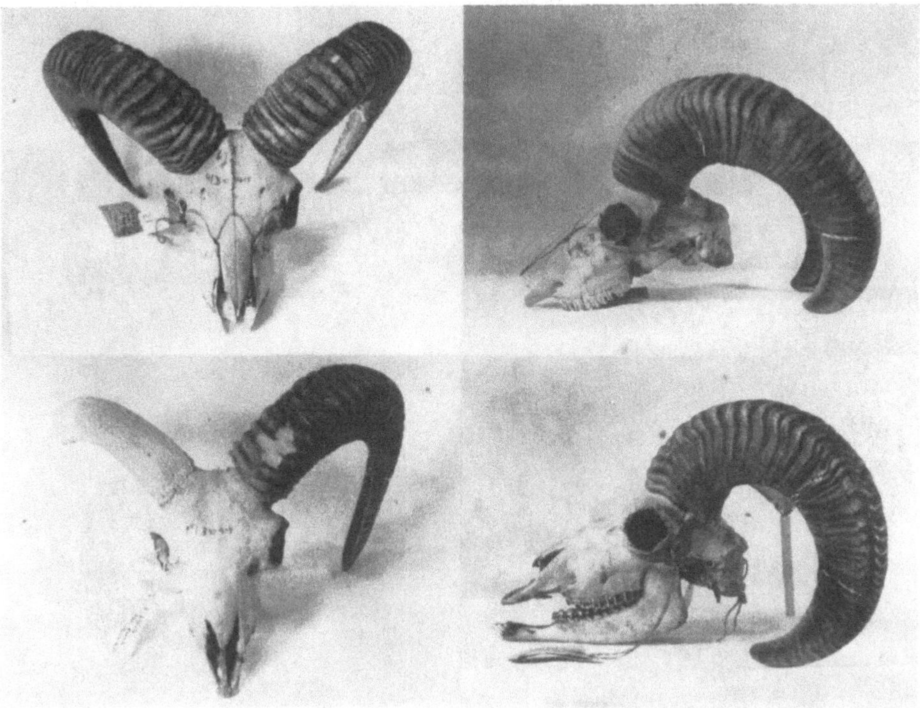

Abb. 2
Muffelwidderschädel aus Sardinien (Sammlung des Staatlichen Museums für Tierkunde Dresden).
Obere Reihe: Nr. B 10415, 3 Jahre — Untere Reihe: Nr. B 10417, 3–4 Jahre, 19. 11. 1906, Ogliastro.

sie PFEFFER (1967) für die korsikanischen Tiere vorlegt, ist wertvolles Vergleichsmaterial zur Beurteilung der Rassereinheit festländischer Mufflons und gleichzeitig Grundlage für die Erhaltung der Rasse aus ethischen und wissenschaftlichen Gründen. Viele in langen Zeiträumen entstandene Subspezies drohen in der von Menschen zunehmend dichtbesiedelteren Welt zu verschwinden. Es erfolgen sogenannte Blutauffrischungen bei Jagdtieren. Nicht bodenständige Rassen verdrängen die ursprünglichen, gefördert durch das einseitige Streben der Jäger nach Rekordtrophäen oder durch ausschließliches Interesse an hohen Jagdstrecken. Hinzu kommt die Haustiereinkreuzung und die Isolierung kleiner Restpopulationen. In der Beurteilung der morphologischen Auswirkungen verschiedener Einflüsse sind dann genetisch bedingte und umweltbedingte Veränderungen oft schwer zu erkennen und zu bewerten. Bei den Mufflons gingen aus wenigen ausgesetzten Tieren häufig individuenreiche Populationen hervor. Durch die Inzucht der Tiere kann sich der Genpool verändern. Wir wissen von den Genhäufigkeiten, daß sie zufallsbedingten Schwankungen unterliegen. Die zufallsbedingte Änderung der relativen Allelhäufigkeit eines Gens wird als Drift oder als SEWALL WRIGHT-Effekt bezeichnet. Diese Größe der Schwankungen der Allelhäufigkeit hängt von der Populationsgröße ab.

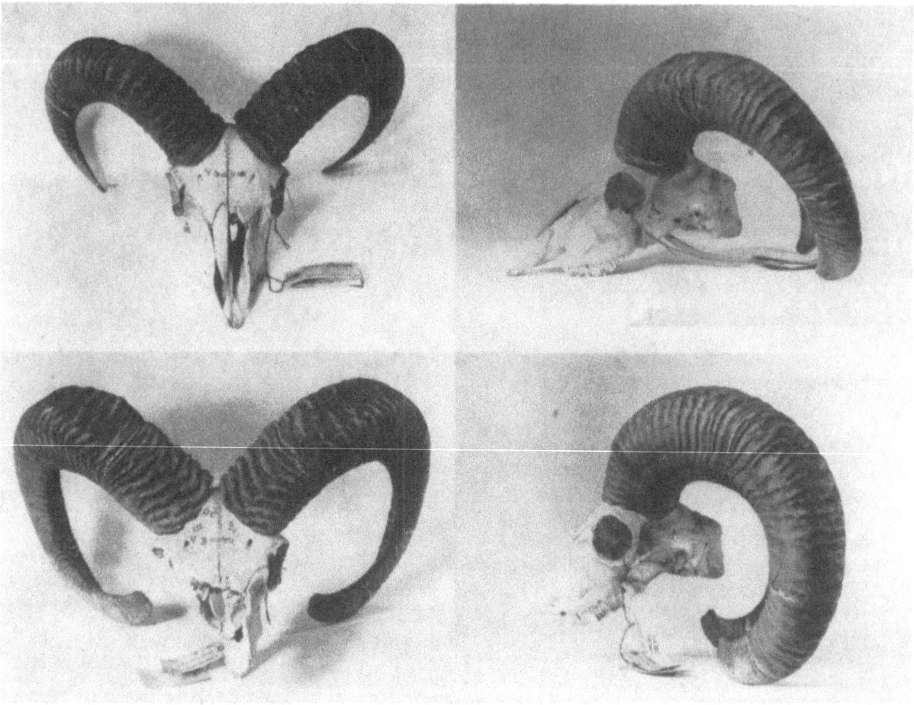

Abb. 3
Muffelwidderschädel aus Sardinien (Sammlung des Staatlichen Museums für Tierkunde Dresden).
Obere Reihe: Nr. B 10416, 4—5 Jahre — Untere Reihe: Nr. B 10413, 4—5 Jahre, Tat Talana.

Es ist nachgewiesen, daß bei kleinen Populationen Gene verlorengehen können. Typische Merkmale bestimmter Sippen können zu typischen Merkmalen der gesamten Population werden. Dazu ist die Bemerkung DAUSTERS (1938) über das Muffelwild interessant: „... Im Einbürgerungsgebiet sind die Unterschiede (Färbungsunterschiede sind gemeint, d. Verf.) weniger über alle Vorkommen verbreitet. Hier zeigt vielmehr häufig der gesamte Stand des einzelnen Vorkommens gleiche Färbungs- und Zeichnungsabweichungen."

Die dunklen, verhältnismäßig schweren Tiere der Slowakei mit nach einwärts wachsenden Hörnern zeigen die obengenannte Erscheinung besonders deutlich und veranlaßten TURČEK 1949, die Unterart *Ovis ammon sinesella* zu beschreiben. 1956 bezeichnet TURČEK die Benennung der Unterart als etwas verfrüht. SZUNYOGHY (1961) kann die Merkmale des slowakischen Mufflon auch bei Tieren aus Korsika und Sardinien nachweisen. Er lehnt deshalb den Unterartstatus ab. Nach seiner gutbegründeten Auffassung ist durch Zucht zu klären, ob es sich um eine dunkle, dominante oder rezessive Mutante handelt. HALTENORTH (1963) gibt der Rasse *Ovis*

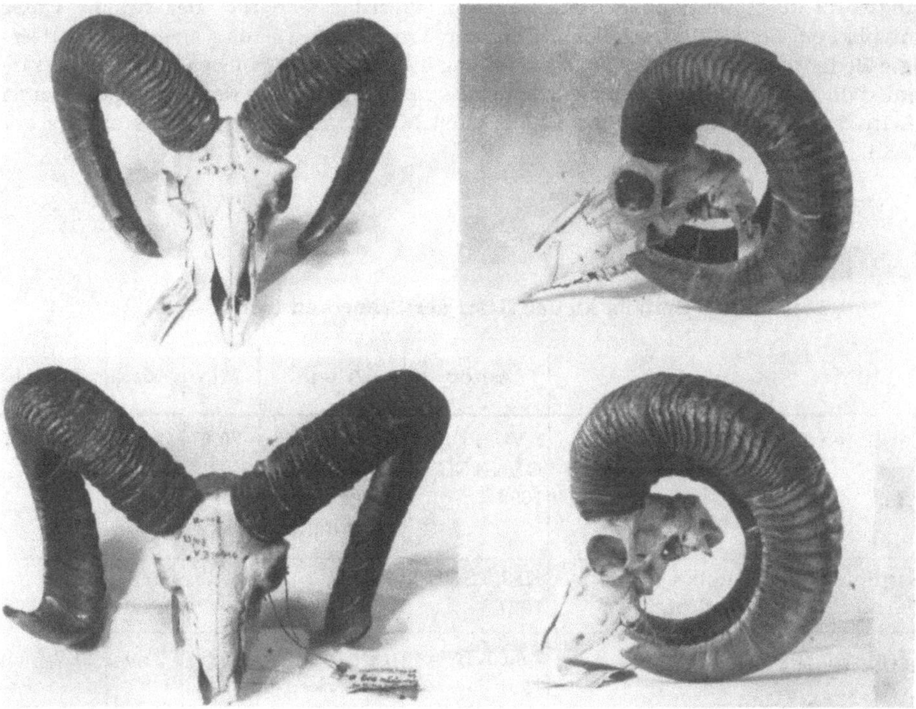

Abb. 4
Muffelwidderschädel aus Sardinien (Sammlung des Staatlichen Museums für Tierkunde Dresden).
Obere Reihe: Nr. B 10412, 6–7 Jahre, Tat Talana – Untere Reihe: Nr. B 10414, 8–9 Jahre, Ussassai.

ammon sinesella, die sich seit dem vorigen Jahrhundert herausgebildet und durchgesetzt hat, ihre Berechtigung.

Viele neue Einflüsse sind im Aussetzungsgebiet wirksam geworden: möglicherweise Fremdbluteinkreuzung, zahlenmäßig geringes Ausgangsmaterial, Ausleseabschuß und damit die Beeinflussung des Altersklassen- und Geschlechterverhältnisses, andere oder fehlende natürliche Feinde, Zusatzfütterung, neue standörtliche und klimatische Bedingungen. Das Beispiel von *Ovis ammon sinesella* zeigt, daß gerechtfertigte Bedenken bestehen, zumindest einen Teil der eingebürgerten Mufflons mit der Subspezies *Ovis ammon musimon* gleichzusetzen. Stattdessen ist die Benennung mit *Ovis ammon musimon* PALLAS, 1811, mutatio *sinesella*, empfehlenswert.

Unterschiede in der Stärke der Widdergehörne sardinischer und korsikanischer Tiere im Vergleich zu denen der Aussetzungsgebiete werden auf internationalen Jagdausstellungen deutlich. Das im Gegensatz zum Cervidengeweih wenig umweltbeeinflußbare Gehörn des Mufflon ist bei mitteleuropäischen Tieren besonders stark und kann genetisch bedingt sein. Aus Mitteleuropa stand für die Ausstellungen ein umfangreicheres Material zur Auswahl als von den Mittelmeerinseln. Die Bewertungsmaßstäbe orientieren sich auf extrem wüchsige Gehörne. Der für die Rasse untypischen weiten Auslage kommt bei der Trophäenbewertung eine ungerechtfertigte Bedeutung zu. Auf der Jagdausstellung 1937 in Berlin wurden z. B. von 22 sardinischen Muffelgehörnen nur 3 prämiert, von 16 Tieren aus der Tschechoslowakei 14. In Budapest waren 1971 die 11 stärksten Muffelwildtrophäen der Welt aus der ČSSR.

Tab. 1

Umfang an der Basis der Schnecken (cm)

Herkunft	Autor	Alter	Min.	Max.	Mittel
Sardinien (n=9), Korsika (n=1)	LYDEKKER 1898	nach der Schneckenlänge über vierjährig	20,6	26,4	22,6±1,7
Sardinien und Korsika (n=5), Herkunft etwas unsicher	KELTSCH 1927	?	20,2	22,4	
Sardinien (n=5)	ZALKIN 1951	nach der Schneckenlänge über vierjährig	20,5	23,0	21,7±0,9
Sardinien und Korsika	KESPER 1953	?	21	24	
Sardinien (n=7), Korsika (n=2)	PFEFFER 1967	nach der Schneckenlänge über vierjährig	20,5	24,0	22,2±1,3
Sardinien (n=8), Korsika (n=4)	eigene Ermittlungen	über vierjährig	20,9	23,1	21,9±0,9
Sardinien (n=6)		2–3jährig	19,3	24,0	20,4±2,5
Harz (n=mindestens über 50)	STUBBE und UHLENHAUT 1971	4,5 Jahre	21,3	25,0	
		5,5 Jahre	20,5	26,0	
		6,5 Jahre	22,5	25,5	
		7,5 Jahre	22,8	27,0	
Tharandter Wald (n=5)	MISSBACH 1968	über vierjährig	19	22	20

Zur Charakteristik korsikanischer und sardinischer Tiere stand nur wenig Museumsmaterial zur Verfügung: 6 Widderschädel, die das Staatliche Museum für Tierkunde Dresden vom Zoologischen Institut der Karl-Marx-Universität Leipzig mit der LEUTEMANNschen Geweih- und Gehörnsammlung erhielt (siehe Abb. 2—4), 2 Widderfelle und 1 Schaffell des Kulturhistorischen Museums Magdeburg, 13 Widdergehörne und 1 Schafgehörn vom Museum für Naturkunde Berlin sowie ein präparierter Widderkopf der Oberförsterei Spechtshausen. Nur 6 Stücke stammten von Korsika, die anderen von Sardinien. Den Herren Dr. H. HACKETHAL und D. LAUTENSCHLÄGER sei für ihre freundliche Hilfe bei der Arbeit in den Sammlungen gedankt.

Die Variationsbreite der Schneckenform ist weit. DAUSTER (1938) geht soweit, zu sagen, „daß keine Veranlassung besteht, von einer einheitlichen sardinischen Rasse zu sprechen". Das ist übertrieben. Eine einheitliche Rasse *Ovis ammon musimon* besteht, denn innerhalb der Grenzen der Variationsweite ist Einheitlichkeit gegeben. Beispielsweise unterliegt der Sattelfleck weiten individuellen Schwankungen. Er kann auffallend groß und weiß sein und er kann auch völlig fehlen. Der Umfang an der Schneckenbasis variiert zwischen den Individuen wenig, wie die vorherige Tabelle zeigt. Das Herausfinden verhältnismäßig konstanter und variabler Merkmale und Merkmalskombinationen ist auch hier eine notwendige Vorarbeit für vergleichende Betrachtungen.

PFEFFER und ZALKIN haben die Maße des gleichen Tieres angegeben, deshalb stimmen die Minima überein. Die korsikanischen Tiere sind seltener in den Sammlungen, wie die Zahlen zeigen. Der Basisumfang der Schnecken unterscheidet sich nicht von dem der sardinischen Tiere, deshalb wurden die Werte zusammengefaßt. Die größte Auslage (außen gemessen) schwankt in weiten Grenzen. Von 12 über vierjährigen Tieren der beiden Mittelmeerinseln liegen die Werte zwischen 24 und 46 cm, nur 3 Gehörne haben eine Auslage über 40 cm, zwei davon sind von Korsika. 7 über vierjährige Widder des Tharandter Waldes (mehr Material stand MISSBACH nicht zur Verfügung) haben durchweg eine Auslage von mehr als 40 cm.

Der Abstand der Schneckenspitzen alter Widder ist im Vergleich zur größten Auslage sehr unterschiedlich. Im extremsten Fall beträgt die Differenz beider Werte bei einem 8—9 Jahre alten Widder 31 cm. Dieser Widder hat ein weitausgelegtes Gehörn mit starker Drehung nach innen. Bei einem anderen Widder aus Ussassai (Sardinien) (Abb. 4, Nr. B 10414) beträgt diese Differenz nur 2,5 cm, die Schnecken stehen fast parallel.

Der Halbkreisdurchmesser des von den Schnecken beschriebenen Kreises (von der Schneckenbasis an und außen gemessen) liegt bei 7 alten Widdern zwischen 24 und 35 cm, im Mittel bei 27 cm. Die korsischen Stücke fallen durch einen relativ flachen Bogen des Gehörns auf.

Der Schneckenzuwachs korsischer und sardinischer Tiere ist geringer als der Zuwachs von mitteleuropäischen Tieren (Harz, Tharandter Wald). Das zeigt die Tabelle 2. Die Werte vom Tharandter Wald wurden von MISSBACH (1968), die aus dem Harz von STUBBE und UHLENHAUT (1971) übernommen.

Problematisch bei der Ermittlung des Schneckenzuwachses ist in manchen Fällen das Finden des ersten Jahrringes. Bei lediglich hormonal gesteuerter Bildung der

Ringe wäre seine schwache Ausbildung auf Grund der späten Geschlechtsreife denkbar. Da der erste Jahrring in der Nähe der Gehörnspitze liegt, ist er manchmal durch die Abnutzung des Horns schwer zu erkennen. Ob der geringere Zuwachs der Wildschafe von den Mittelmeerinseln (zum Vergleich liegen die Summenkurven des Zuwachses vor) für alle von dort stammenden Tiere repräsentativ ist, kann an Hand der relativ wenigen untersuchten Stücke noch nicht sicher gesagt werden. Die Differenzen zwischen dem stärksten und geringsten Schneckenzuwachs sind bei allen verglichenen Gruppierungen ähnlich.

Tab. 2

Schneckenzuwachs korsischer/sardinischer Mufflons im Vergleich zu mitteleuropäischen Tieren (cm)

Alter (Jahre)	n	Korsika und Sardinien		n	Tharandter Wald		n	Harz	
		Min.–Max.	Mittel		Min.–Max.	Mittel		Min.–Max.	Mittel
1.	16	7–27	12	22	8–25	18	42	10,0–31,5	20,4
2.	18	7–22	12	19	9–26	19	74	13,8–29,5	22,1
3.	14	8–22	13	16	13–20	16	63	9,7–21,5	16,3
4.	7	10–20	15	12	6–10	9	43	7,5–14,0	10,9
5.	4	6–14	10	5	5–6	6	29	3,5–10,5	6,8
6.	3	2–4	2				19	2,5–8,8	4,8
7.	2	2–3	2				9	2,0–5,5	3,6
8.	2		1				5		3,2

Einige Schädelmaße sind in Tab. 3 zusammengestellt.

Während sich die Condylobasallängen der Schädel verschiedener Vorkommen nur wenig unterscheiden, zeigt die Jochbogenbreite der Harzer Mufflons höhere Werte als die der Mufflons von Sardinien und Korsika. Die Zahnreihenlänge als relativ konstantes Merkmal hat eine geringe Streuung; Werte für die Harzer und Tharandter Population fehlen.

Wie die Untersuchungen zeigen, liegen zwischen den als reinrassig akzeptierten korsikanischen und sardinischen Mufflons und den mitteleuropäischen Vertretern meßbare Unterschiede vor. Zur Klärung der Ursachen für diese Unterschiede wären weitere Untersuchungen, insbesondere auch die Messung und Bewertung anderer Merkmale (z. B. Fellfarbe, Körpermaße) notwendig.

Tab. 3

Schädelmaße von Mufflons von Korsika und Sardinien sowie von Mitteleuropa (cm)

Herkunft	Autor	n	Alter	Condylobasallänge		Nasallänge		Jochbogenbreite		Zahnreihenlänge Oberkiefer		Zahnreihenlänge Unterkiefer	
				Min. – Max.	Mittel	Min. – Max.	Mittel	Min. – Max.	Mittel	Min. – Max.	Mittel	Min. – Max.	Mittel
Sardinien	MILLER (1912)	5	?	21,0—23,0	22,1±1,0	7,8—8,9	8,4±4,1	9,5—10,6	10,1±0,2	6,3—7,1	6,7±0,4	6,6—7,5	7,1±0,4
Korsika		1			22,0		9,2		10,1		6,4		
Sardinien	ZALKIN (1951)	8	ad.	21,8—24,0	22,5±2,2	8,0—10,0	8,6±0,6			5,7—6,7 (n=7)	6,2±0,4		
wahrscheinlich Korsika u. Sardinien	KESPER (1953)	?	ad.			8,3—9,5		9,4—10,5		6,3—6,8			
Sardinien	PFEFFER (1967)	9	ad.			7,6—10,0	8,4±0,7			6,0—7,1	6,7±0,4		
Korsika		2				8,1—8,4	8,3			6,4—7,0	6,7		
Sardinien	eigene Ermittlungen	7	über 4 J.	21,7—23,3 (n=4)[2]	22,2	7,2—9,1 (n=5)	8,4±0,7	8,5—11,4 (n=6)	10,0±0,9	6,4—6,9	6,7±0,2	6,6—6,9 (n=3)	6,7
		4	2–4 J.	21,6—22,3	21,3	6,8—8,8	8,0	9,2—10,4	9,8	6,2—6,9	6,5	5,9—7,1 (n=3)	6,0
Korsika		4	etwa 4 J.			7,5—9,2 (n=2)	8,3	10,5 (n=1)		6,8—7,0 (n=3)	6,9	6,6 (n=1)	
Harz	STUBBE und UHLENHAUT (1971)	41	4–5 J. und älter	21,3—24,2 (n=36)	22,8			10,7—13,3	12,2				

2 Die Schädel waren zum Teil defekt oder das Gehörn war kurz abgeschlagen. Deshalb ließen sich nur einige Maße nehmen.

Zusammenfassung

Im Gegensatz zu einigen Autoren wird das Muffelwild Korsikas und Sardiniens als reinrassig betrachtet. Die Reinrassigkeit der Subspezies *Ovis ammon musimon* PALLAS, 1811 wird für viele Populationen des Festlandes angezweifelt, die unbedenkliche Anwendung des Namens auf mitteleuropäische Mufflons wird kritisiert. Ein Vergleich von Meßergebnissen an korsischen und sardinischen Muffelschädeln und Gehörnen mit solchen mitteleuropäischer Tiere ergab Unterschiede. So ist der Schneckenzuwachs von Mufflons der beiden Mittelmeerinseln geringer. Bei dem Muffelwild des Harzes deutet sich eine größere Jochbogenbreite als bei sardinischen und korsischen Tieren an. Die Einflüsse auf die Ausformung mitteleuropäischer Mufflons werden besprochen.

Summary

NOTES AND INVESTIGATIONS ON OVIS AMMON MUSIMON PALLAS, 1811, OF SARDINIA AND CORSICA AND ON MOUFLON NATURALIZED IN CENTRAL EUROPE

In opposition to some authors, Mouflons of Corsica and Sardinia is regarded as pure-bred. The truth of the same fact is questioned for many populations of subspecies *Ovis ammon musimon* PALLAS, 1811, on the continent, and unobjectionable use of the name for Central European Mouflons is commented. Comparison between results measured on Mouflon crania and antlers of Corsica and Sardinia and those measured on the Central European populations proved differences. Thus, Mouflons from the two mediterranean islands are characterized by less lengthening of antlers. Mouflon of the Harz mountains seems to have broader zygomatic arches than animals from Sardinia and Corsica. Influence on the formation of Central European Mouflon is discussed.

Literatur

CETTI, F., 1783: Naturgeschichte von Sardinien. 1. Teil. Leipzig.

DAUSTER, K. H., 1938: Muffelwild. In: Das Waidwerk der Welt. Berlin.

GROMOVA, V., 1936: Über Kraniologie und Geschichte der Gattung *Ovis*. In: Neue Forschungen in Tierzucht und Abstammungslehre, Duerst-Festschrift, Bern, 81–91.

HALTENORTH, T., 1963: Klassifikation der Säugetiere: *Artiodactyla*. In: Handbuch der Zoologie, I (18). Berlin.

HERRE, W., 1967: Probleme moderner Zoologie. Rektoratsrede. – Veröff. Schles.-Holst. Univ. Ges., N. F., 5–21.

HERRE, W. und RÖHRS, M., 1973: Haustiere – zoologisch gesehen. Jena.

HEUELL, K., 1972: Über die Einbürgerung des Muffelwildes in Rheinland-Pfalz. – Mainz. Nat. Arch., **11**, 11–28.

KELTSCH, A., 1927: Messungen und Vererbungsstudien an Schädeln und Hörnern von Mufflonschafen und ihren Kreuzungsprodukten mit verschiedenen Hausschafrassen. Dissertation Univ. Halle.

KESPER, K.-D., 1953: Phylogenetische und entwicklungsgeschichtliche Studien an den Gattungen *Capra* und *Ovis*. Dissertation Univ. Kiel.

LAMSTER, H. und WUTTKY, K., 1973: Das Muffelwild *(Ovis ammon musimon* Pallas). In: Buch der Hege, 1, Haarwild, 95–123. Berlin.

LYDEKKER, R., 1898: Wild oxen, sheep and goats of all lands. London.

MILLER, G. S., 1912: Catalogue of the mammals of Western Europe in the collection of the British Museum. London.

MISSBACH, K., 1968: Herkunft und Trophäenqualität des Tharandter Muffelwildes. – Beiträge zur Jagd- und Wildforschung, 6, 107–112, in: Tagungs-Ber. dt. Akad. Landwirtschaftswiss. Berlin, Nr. 104.

MÜLLER-USING, D., 1968: Der Mufflon. In: Grzimeks Tierleben, Bd. 13, 545–552. Zürich.

NADLER, C. F., KOROBICINA, K. V., HOFFMANN, R. S. und VORONCOV, N. N., 1973: Cytogenetic Differentiation, Geographic Distribution, and Domestication in Palearctic Sheep *(Ovis)*. – Z. Säugetierk., **38**, 109–125.

NIETHAMMER, G., 1963: Die Einbürgerung von Säugetieren und Vögeln in Europa. Hamburg und Berlin.

PFEFFER, P., 1967: Le mouflon de Corse *(Ovis ammon musimon* Schreber. 1782); position systematique, ecologie comparees. – Mammalia, **31**, Suppl.

STUBBE, M. und UHLENHAUT, K., 1971: Kraniologische Untersuchungen am Harzer Muffelwild – *Ovis ammon musimon* (Pallas, 1811). – Tagungs-Ber. dt. Akad. Landwirtschaftswiss. Berlin, Nr. 113, 143–156.

SZUNYOGHY, J., 1961: Kritische Bemerkungen zur Beschreibung des *Ovis musimon sinesella* Turček, 1949. – Säugetierk. Mitt., **9**, 6–8.

TESDORPF, O., 1910: Einbürgerung des Muffelwildes (Mouflons) auf dem europäischen Festlande. Neudamm.

TESDORPF, O., 1921: Das Muffelwild. In: MEERWARTH, H. und SOFFEL, K., Lebensbilder aus der Tierwelt Europas, 64–78. Leipzig.

TURČEK, F., 1956: Über den Mufflon, *Ovis musimon* Schreber, 1782, in der Slowakei. – Säugetierk. Mitt., **4**, 167–171.

TÜRCKE, F. und SCHMINCKE, S., 1965: Das Muffelwild, Naturgeschichte, Hege und Jagd. Hamburg und Berlin.

ULOTH, W., 1963: Zur Frage der Mischblütigkeit beim Muffelwild. – Z. Jagdwiss., **9**, 112–115.

WUTTKY, K., 1963: Der Verlauf der Einbürgerung des Muffelwildes im Ostharz, dargestellt nach den Aktenunterlagen. – Tagungs-Ber. dt. Akad. Landwirtschaftswiss. Berlin, Nr. 61, 23–38.

ZALKIN, W. I., 1951: Die Wildschafe Europas und Asiens (russ.). Moskau.

Anschrift des Autors: Dr. Alfred Feiler, Staatliches Museum für Tierkunde
Dresden, Außenstelle Moritzburg
DDR – 8105 Moritzburg, Fasanenschlößchen

III-4-9-409-1 105-19-74

ZOOLOGISCHE ABHANDLUNGEN

STAATLICHES MUSEUM FÜR TIERKUNDE IN DRESDEN

Bd. 33 Ausgegeben 15. Juli 1975 Nr. 16

Brütet Fringilla coelebs coelebs L. in Mitteleuropa?

(Aves, Passeriformes, Fringillidae)

UDO BÄHRMANN und SIEGFRIED ECK

Lauchhammer-Mitte Dresden

Die Darstellung der Subspeziesgliederung der *Fringilla coelebs* durch HARTERT (1904) gab den Anstoß zu weiteren taxonomischen Untersuchungen. Der Name *tristis*, den FLOERICKE 1903 auf der Kurischen Nehrung durchziehenden dunklen Vögeln gab, wirkte auf spätere Bearbeiter immer wieder irritierend (PARROT 1910, GENGLER 1917, ZEDLITZ 1918), während die Unterscheidbarkeit mitteleuropäischer von nordeuropäischen Vögeln zunehmend stärker betont wurde. Einerseits wurde das Urteil über die Helligkeit mitteleuropäischer Buchfinken möglicherweise durch osteuropäisch-westsibirische Zugvögel mit beeinflußt, deren Anteil im damaligen Sammlungsmaterial zunächst gar nicht zu berücksichtigen war; erst 1921 trennte TEPLOUCHOW die Vögel aus Tomsk als blassere Subspezies unter dem Namen *wolfgangi* ab (cf. auch JOHANSEN 1922, p. 228). Andererseits war aber auch die Anzahl skandinavischer Wintergäste in Mitteleuropa nicht abzuschätzen. Und so blieben die Ansichten schwankend, solange nicht genügend umfangreiches Material, namentlich aus Schweden, herangezogen wurde. SACHTLEBEN (1922, p. 49) konnte mit seiner summarischen Feststellung nicht weiterhelfen; v. JORDANS (1924, p. 395, auch 1940, p. 73 und 1950, pp. 166–167) ließ die Frage anfangs offen, vermochte aber auch später keinen Unterschied zu sehen. So hat sich J. M. HARRISON des Gegenstands angenommen und zunächst schwedische mit englischen und mediterranen Buchfinken verglichen (1934), sodann aber (1947a und b, 1948) die Frage nach der Berechtigung von *F. c. hortensis* BREHM aufgegriffen und dahin entschieden, daß *hortensis* deutlich in der Färbung von *coelebs* getrennt sei. Die Terra typica von *coelebs* L. wurde bei dieser Gelegenheit (1947a, p. 412) mit Uppsala fixiert. BANNERMAN (1953, p. 207 ff.) trug dem Resultat in seinem großen Werk Rechnung. Daneben hatten van MARLE und HENS (1938) dieses Subspeziesproblem von der sardinischen Form her erneut aufgerollt. Sie fanden, dies sei hier eingeschaltet, daß *sarda* eine stumpfere Flügelspitze hat als die ssp. *coelebs*, *gengleri*, *scotica*, *hortensis* und *balearica* (l. c., Abb. p. 89; cf. auch KLEINSCHIDT 1935, p. 11, Fußnote 3). Dabei wird übrigens das für alle europäischen *coelebs*-Formen charakteristische Verhältnis zwischen den Handschwingen 6 und 9 (von innen nach außen gezählt) nicht verwischt. Auch diese Autoren erkennen also *hortensis* an und teilen Flügelmaße mit (p. 90), wie dies schon HARRISON (1934, p. 398) getan hatte, mit denen aber nicht viel anzufangen ist. Nachdem auch JOHANSEN (1944) auf die Validität der drei Subspezies *coelebs*, *hortensis* und *wolfgangi* nach Färbung und Flügellänge hingewiesen hatte, stellte VAURIE (1956) wieder alles in Frage, wie vordem schon TISCHLER (1941, pp. 164–165), indem er (p. 4) erklärte: „It confuses the pattern of geographical variation, and I therefore follow HARTERT and HARTERT and

STEINBACHER in considering the following forms admitted by some subsequent authors to be synonyms of nominate *coelebs: hortensis* C. L. BREHM, 1831, type locality, central Germany; *tyrrhenica* SCHIEBEL, 1910, type locality, Corsica; *balearica* von JORDANS, 1923, type locality, Balearic Islands; and *sarda* RAPINE, 1925, type locality, Sardinia. To these I add *wolfgangi* TEPLOUCHOW, 1921, type locality, western Siberia, and three forms described since the last revision of this species by HARRISON (1945...), are *iberiae* from Iberian Peninsula, *syriaca* from Syria, and *cypriotis* from Cyprus." Diese Zusammenziehung vertrat VAURIE dann auch 1959 in seiner Übersicht über die palaearktischen Passeres. MAYR (1968), im übrigen VAURIE folgend, erkannte *sarda* wieder als gültig an. Spätere Bearbeiter größeren Materials haben sich an die Einteilung VAURIEs gehalten und den mitteleuropäischen Buchfink *F. c. coelebs* L. genannt (NIETHAMMER 1962, 1971; SUDILOWSKAJA 1972, aber bereits 1954 auch BÖHME, der sogar *alexandrovi* einzog). HAENSEL (1967) und PIKULA (1973) gehen auf die Subspezieszugehörigkeit nicht ein. Die Artenlisten von NIETHAMMER, KRAMER, WOLTERS (1964) sowie von STEPHAN und STÜBS (1971) führen für den deutschen Raum allein die Subspezies *coelebs* L. als Brutvogel und Durchzügler auf.

Anderweitige Untersuchungen an den Vertretern der Gattung *Fringilla*, die einer von uns (S. ECK) vornahm, führten auch zur Frage nach den Subspeziesverhältnissen in Mitteleuropa, wobei ausschnittweise größere Serien männlicher Vögel (Weibchen sind leider in den Sammlungen zu spärlich vertreten) aus dem Süden der DDR, Frankfurt/O. (ein Teil des von HAENSEL untersuchten und sodann im Staatlichen Museum für Tierkunde Dresden präparierten Materials) und Schweden vorlagen (34 schwedische Männchen, für deren Entleihung aus dem Naturhistoriska Riksmuseet, Stockholm, Frau Dr. G. VESTERGREN herzlich gedankt sei). Hinzu kamen noch 7 Männchen, die H. RICHTER im Gebiet Smolensk gesammelt hatte.

Ausgewählt wurden männliche Vögel der Monate März bis Juni, die abermals nach den Monaten März/April und Mai/Juni getrennt wurden. Diese Auswahl ist hinsichtlich der Beurteilung der Färbung wichtig (obgleich auch die verschleierte Färbung des frischen Gefieders Unterschiede erkennen läßt), während sie sich auf die Messungen eher nachteilig auswirken könnte. Selbstverständlich wurden auch dann nur meßbare Bälge vermessen, zu denen natürlich neben den Frühjahrs- und Sommervögeln auch die Herbst- und Wintervögel hinzugenommen wurden. Insgesamt lagen aus dem Raum Dresden 50 und von Frankfurt/O. abermals 50 Männchen vor, die mit 34 schwedischen und den 7 Smolensker Stücken verglichen wurden.

Färbung

Inwieweit in der Dresdener Serie nördliche Vögel enthalten sind (dies betrifft die Stücke bis April), ist schwer zu sagen. Vergleicht man Mai/Juni-Vögel aus Schweden und Sachsen miteinander, so ist der Färbungsunterschied deutlich. Die schwedischen Männchen haben unterseits, von den Wangen über Kehle, Brust und Bauch abnehmend, ein rotstichiges Rotbraun, das bei den Dresdener Vögeln einem etwas stumpfen Weinrot Platz macht. Die schwedischen Vögel sind auf Oberkopf/Hinterhals und Bürzel leuchtender gefärbt. Für das Braun des Rückens möchten wir keinen sicheren Unterschied angeben, während das Weiß der Schwanzfedern bei den schwedischen Exemplaren sehr auffällt, besonders im Vergleich mit den Frankfurter Vögeln.

Unter den Männchen im frischen Gefieder wirken die Vögel aus Dresden gegenüber denen aus Schweden dunkel.

Einzelne sächsische Stücke vom April und Anfang Mai in der Sammlung des Dresdener Tierkunde-Museums und der coll. GEIDEL könnten zur nördlichen ssp. *coelebs* gehören. Ein Vogel aus Dresden (MTD C 19907) fällt durch seine tief rotbraune Brustfärbung auf (wurde mit Benzin gereinigt). HANTZSCH sammelte ihn am 10. 4. 1900. Leider findet sich kein Vermerk, ob dieses Männchen einzeln angetroffen wurde oder sich in einem größeren Zugverband befunden hatte. Von der schwedischen Serie sticht es auch ab. Die Wiederfunde beringter Buchfinken, die v. BOCHMANN (1934) zusammenstellte, lassen als Hauptzugrichtung Nordost-Südwest erkennen. Nach der Karte von SOKOŁOWSKI (1969, p. 87) dürften Buchfinken aus Finnland usw. Mitteleuropa recht zahlreich besuchen. Die Buchfinken-Zugkarte bei ZINK (1973) haben wir nicht eingesehen. Der Umstand, daß beispielsweise in Sachsen noch Mitte Mai größere Buchfinken-Verbände angetroffen werden (HEYDER 1952, p. 141), lassen es ratsam erscheinen, solche Schwärme zu beringen.

Die kleine Serie aus dem Raum Smolensk hat größte Ähnlichkeit mit der schwedischen Subspezies (die Smolensker Vögel sind auf dem Bauch blasser), die nach JOHANSEN (1954, p. 56) „von Skandinavien jedenfalls bis in die Leningrader Gegend verbreitet ist".

Die Frankfurter Serie, sämtlich an einem Tag gesammelt (Fundumstände s. bei HAENSEL), läßt sich weder mit den Dresdener noch mit den schwedischen Vögeln identifizieren. Es ist eindrucksvoll, wie einheitlich blaß sich diese große Serie vom 4. April von den Vergleichsreihen des gleichen Monats abhebt. HAENSEL vermutete auf Grund der gleichzeitig anwesenden Bergfinken und Ohrenlerchen, daß es sich „um Durchzügler gehandelt (hat), die auf dem Heimzug in ihre nordischen Brutgebiete ... begriffen waren". Uns scheint es indessen, da diese Stücke von schwedischen deutlich verschieden sind, daß sie östlicher Herkunft waren. Das paßt, soweit es Färbung und Zugzeit betrifft, gut zu dem, was JOHANSEN über *wolfgangi* schreibt. Zieht diese Form aber so weit nach Westen? Zunächst spricht die Einheitlichkeit dieser Serie in der Färbung dafür, daß es sich um Vögel gleicher Provenienz handelt, deren Zusammenhalt in einem Schwarm ein wichtiger Hinweis für Beobachter ist.

Zusammenfassend läßt sich feststellen, daß schwedische und sächsische Buchfinken verschiedenen Subspezies angehören, erstere *coelebs* L., letztere *hortensis* BREHM, und daß mit einiger Gewißheit die westsibirische *wolfgangi* TEPLOUCHOW als Durchzügler oder Wintergast in Mitteleuropa auftaucht, desgleichen die ssp. *coelebs* L. Mit englischen Buchfinken ist auf dem Kontinent nicht zu rechnen, da diese nicht ziehen. Die englische Subspezies *gengleri* KLEINSCHMIDT ist kleiner und in der Färbung, die NIETHAMMER (1971, p. 211) treffend als „hell zimtfarben" bezeichnet, sehr abweichend. Schwedische Vögel können sich dieser Färbung annähern, wie ein Männchen vom 11. 5. 1946 aus Munkfors/Värmland zeigt.

Es gibt viele Subtilformen, deren nomenklatorische Herausstellung strittig ist. In diesen Fällen sollte man nicht übersehen, daß es ja letztlich gar nicht um Namen geht. Aber die nord- und mitteleuropäischen Subspezies *F. c. coelebs* und *F. c. hor-*

tensis sind so klar zu trennen, wie es durch HARRISON (1947a) bereits geschehen ist. Als Verbreitung für *hortensis* gibt HARRISON (1948) „Germany, France, Holland, Belgium and Switzerland" an.

Maße

Was die Literatur insgesamt an Maßen bringt, soll hier nicht wiederholt werden. Nach altem Brauch dominieren dabei die Flügelmaße. Es kann als sicher gelten, daß in Mitteleuropa weder zur Brut- noch zur Zugzeit über 95 mm liegende Flügelmaße gefunden werden. Wenn PIKULA (1973) von seinen Helfern aus Böhmen, Mähren und der Slowakei zwischen 1954 und 1970 von 384 lebend vermessenen männlichen Buchfinken Flügelmaße von 79,6–99,0 mm erhielt (so akzeptabel der Mittelwert von 88,3 mm auch ist), so muß man die Extreme bezweifeln. Mindestens die Maxima müssen auf fehlerhaftem Vermessen beruhen (was vermutlich auch für die Flügelmaße von Bergfinken, *F. montifringilla*, zutrifft, die GRAFF 1968 veröffentlichte), indem offenbar der Flügel zu weit vom Körper entfernt und der Handflügel etwa im Winkel von 90° vom Armflügel abgespreizt wurde. Man sollte im übrigen auch nicht versuchen, Flügellängen auf den Zehntelmillimeter anzugeben.

Meßmethode (die Messungen führte S. ECK durch): Flügellänge nach Methode KLEINSCHMIDT – Flügelspitze von der Spitze der äußersten Armschwinge bis zur Spitze des Handflügels – Schwanzlänge vom Austritt des mittleren Federpaares aus der Haut bis zum Schwanzende. H. I. = Handflügelindex (Flügelspitze in % der Flügellänge) – S. F. I. = Schwanzflügelindex (Schwanzlänge in % der Flügellänge). Maßangaben in mm, M = Mittelwert.

	Schweden (n = 33)	Dresden (n = 50)	Frankfurt/O. (n = 50)
Flügel	86–93 M 89,5	85–93 M 88,2	(84) 86–93 (95) M 89,4
Flügelspitze	24–28 M 25,6	22–27 M 24,6	23–29 M 25,3
Schwanz	64–72 M 67,9	62–72 M 67,5	63–72 M 67,4
H. I.	26,7–31,0 M 28,6	25,3–31,4 M 27,7	25,3–31,5 M 28,3
S. F. I.	72,2–80,0 M 75,5	71,6–79,5 M 76,1	72,5–79,3 75,4

Diese Tabelle belegt unseres Erachtens ausreichend, daß Größenunterschiede so wenig wie Proportionsunterschiede zwischen *coelebs* und *hortensis* bestehen. JOHANSEN (1944, p. 56) meinte, daß bei Tomsk gefundene Flügellängen von 87–94 mm zur Annahme eines Größerwerdens nach Westsibirien hin berechtigen. Die Frankfurter Serie enthielt nur ein Exemplar mit 95 mm Flügellänge; HAENSEL (1967, p. 5), der das Gesamtmaterial von 379 Männchen untersuchte, fand zweimal 94 und zweimal 95 mm. NIETHAMMER (1962, p. 209) ermittelte bei seiner rheinischen Serie aus Morenhoven, die er auch seinem Vergleich von 1971 als *F. c. coelebs* zugrunde legte,

85—95 (89,4) mm, und BÄHRMANN bei 63 mitteldeutschen Männchen seiner Sammlung 82(!)—94 (89,3) mm Flügellänge. Wir möchten demzufolge annehmen, daß auch *F. c. wolfgangi*, sofern sie von der Frankfurter Serie repräsentiert wird, in der Größe nicht differiert.

Zusammenfassung

Nach einer Darstellung der wechselnden Ansichten über die *Fringilla coelebs*-Subspezies Mittel- und Nordeuropas wird die bereits von J. M. HARRISON klargestellte Unterscheidbarkeit von *F. c. coelebs* L. und *F. c. hortensis* BREHM auf Grund der Färbung bestätigt. Größenunterschiede wurden nicht gefunden. Es wird vermutet, daß eine große Serie bei Frankfurt/O. durchgezogener Buchfinken zur westsibirischen *F. c. wolfgangi* TEPLOUCHOW gehört.

Summary

DOES FRINGILLA COELEBS COELEBS L. BREED IN CENTRAL EUROPE?

After a presentation of varying aspects regarding the *Fringilla coelebs* subspecies in Central and Northern Europe, separation between *F. c. coelebs* L. and *F. c. hortensis* BREHM as supposed by J. M. HARRISON is proved by colour. Differences in size have not been found. It is supposed that a big series of Chaffinches migrating in the area of Frankfurt/O. is belonging to the West-Siberian *F. c. wolfgangi* TEPLOUCHOW.

Literatur

BANNERMAN, D. A., 1953: The Birds of the British Isles. Edinburgh und London.

BOCHMANN, G. v., 1934: Über den Zug des Buchfinken *(Fr. coelebs coelebs* L.). — Vogelzug, **5:** 176—183.

BÖHME, L. B., 1954: Finken. In: DEMENTIEW u. GLADKOW, Die Vögel der Sowjetunion, Bd. 5, Moskau (Russ.).

BREHM, C. L., 1831: Handbuch der Naturgeschichte aller Vögel Deutschlands. Ilmenau.

GENGLER, J., 1917: Der Formenkreis *Fringilla coelebs* L. — J. Orn., **65,** II: 35—42.

GENGLER, J., 1924: Buchfinken-Studien. — Verh. Orn. Ges. Bay., **16,** 103—128.

GRAFF, H., 1968: Über die Flügellänge von Bergfinken *(Fringilla montifringilla)*. — Beitr. Vogelkd., **14:** 182.

HAENSEL, J., 1967: Statistische Untersuchungen an Buchfinken *(Fringilla coelebs)*, Bergfinken *(Fringilla montifringilla)* und Feldlerchen *(Alauda arvensis)*. — Beitr. Vogelkd., **13:** 1—28.

HARRISON, J. M., 1934: Some Remarks upon European Chaffinches, with special reference to *Fringilla coelebs balearica* von Jordans. — Ibis, IV, 13. Ser.: 396 bis 398.

—, 1947a: Some Remarks on *Fringilla coelebs* Linnaeus. — Ibis, **89:** 411—418.

–, 1947b: Further Comments on *Fringilla coelebs hortensis* Brehm. – Ibis, **89:** 664.

–, 1948: Exhibition of Chaffinches including an example of *Fringilla coelebs hortensis* Brehm from Kent. – Bull. Brit. Orn. Cl., **68:** 89.

HARTERT, E., 1904: Die Vögel der paläarktischen Fauna, 1. Berlin.

HEYDER, R., 1952: Die Vögel des Landes Sachsen. Leipzig.

JOHANSEN, H., 1922: Zur geographischen Verbreitung einiger Vögel in Westsibirien. – Verh. Orn. Ges. Bayern, **15:** 227–231.

–, 1944: Die Vogelfauna Westsibiriens, II. Teil. – J. Orn., **92:** 1–105.

JORDANS, A. v., 1924: Die Ergebnisse meiner zweiten Reise nach Mallorca, II. Teil. – J. Orn., **72:** 381–410.

–, 1940: Ein Beitrag zur Kenntnis der Vogelwelt Bulgariens. – Mitt. Naturwiss. Inst. Sofia, **13:** 49–152.

–, 1950: Ein weiterer Beitrag zur Kenntnis der Avifauna der Iberischen Halbinsel. – Sylleg. biol.: 165–181.

KLEINSCHMIDT, O., 1935: Katalog meiner ornithologischen Sammlung. Beilage zu Falco.

MARLE, J. G. v. und P. A. HENS, 1938: De vink van het eiland Sardinie, *Fringilla coelebs sarda* Rapine. – Limosa, **11:** 86–92.

MAYR, E., 1968: *Fringillinae.* In: PETERS' Check-List of Birds of the World, **14:** 202–206, Cambridge/Mass.

NIETHAMMER, G., 1937a: Handbuch der deutschen Vogelkunde, Bd. 1. Leipzig.

–, 1937b: Über die Beziehungen zwischen Flügellänge und Wanderstrecke bei einigen europäischen Singvögeln. – Arch. Naturgesch., N. F., **6:** 519–525.

–, 1962: Zur Variabilität rheinischer Buchfinken-Populationen. – Bonner zool. Beitr., **13:** 209–215.

–, 1971: Zur Taxonomie europäischer, in Neuseeland eingebürgerter Vögel. – J. Orn., **112:** 202–226.

NIETHAMMER, G., H. KRAMER und H. E. WOLTERS, 1964: Die Vögel Deutschlands. Artenliste. Frankfurt/M.

PARROT, C., 1910: Beiträge zur Ornithologie der Insel Korsika. – Orn. Jb., **21:** 121 bis 166.

PIKULA, J., 1973: Zur Variabilität der Körpermaße der tschechoslowakischen Population *Fringilla coelebs* L. – Zool. Listy, **22:** 155–164.

SACHTLEBEN, H., 1922: Vögel. In: Beitr. z. Natur- u. Kulturgeschichte Lithauens. – Abh. math.-phys. Kl. Bayr. Ak. Wiss., Suppl.-Bd. für 1921: 1–232.

SOKOŁOWSKI, J., 1969: Zięba. Warszawa.

STEPHAN, B. und J. STÜBS, 1971: Die Vögel der Deutschen Demokratischen Republik. Artenliste. – Mitt. IG Avif. DDR, **4:** 67–93.

SUDILOWSKAJA, A. M., 1972: Zur Systematik der Gattung der echten Finken (*Fringilla* L.). – Wiss. Vortr. Hochsch., Biol. Wiss., Nr. 7: 18–24 (Russ.).

TISCHLER, F., 1941: Die Vögel Ostpreußens und seiner Nachbargebiete, Bd. 1. Königsberg und Berlin.

VAURIE, C., 1956: Systematic Notes on Palearctic Birds, No. 19, *Fringillidae:* the Genera *Fringilla, Serinus, Carduelis,* and *Acanthis.* – Am. Mus. Nov., Nr. 1775, 25 S.

–, 1959: The Birds of the Palearctic Fauna. Passeriformes. London.

WATTEL, J., 1971: The subspecies of *Fringilla coelebs* L. inhabiting the Cape Peninsula. — Ostrich, **42**: 229.

ZEDLITZ, O., 1918: Der Einfluß des russischen Winters auf die Vogelwelt. — J. Orn., **66**: 409—420.

—, 1923: Warum sind die Systematiker so oft uneinig in der Bewertung von Subspezies? — Falco, **19**: 5—24.

ZINK, G., 1973: Der Zug europäischer Singvögel, 1. Radolfzell.

Anschriften der Autoren:

Dr. Udo Bährmann, DDR — 7812 Lauchhammer-Mitte, Seewaldstraße 18.
Siegfried Eck, Staatliches Museum für Tierkunde,
DDR — 801 Dresden, Augustusstraße 2.

III-4-9-410-1 105-19-74

ZOOLOGISCHE ABHANDLUNGEN

STAATLICHES MUSEUM FÜR TIERKUNDE IN DRESDEN

Bd. 33 Ausgegeben: 15. Juli 1975 Nr. 17

Zur Nestlingsnahrung der Heckenbraunelle (Prunella modularis L.)

(Aves, Passeriformes)

RAINER EMMRICH

Dresden

Trotz weiter Verbreitung und Anwendung der Halsring-Methode zur Untersuchung der Nestlingsnahrung von Singvögeln in den letzten beiden Jahrzehnten gehört die Heckenbraunelle zu jenen Arten, über deren Nestlingsnahrung bisher sehr wenige Kenntnisse vorliegen. Für die Heckenbraunelle ist ein saisonaler Nahrungswechsel von rein vegetabilischer Nahrung im Winterhalbjahr zu vorwiegend animalischer Nahrung im Sommerhalbjahr kennzeichnend, welcher als grundlegende Erscheinung in ornithologischen Standardwerken (NAUMANN, NIETHAMMER, WITHERBY u. a.) immer wieder genannt wird. Die Art ist bekanntlich in der Lage, auch harte Sämereien aufzuschließen, welche nach NIETHAMMER unenthülst aufgenommen werden. Nicht klar ersichtlich ist, ob die für den Sommer bzw. Frühherbst angegebene, überwiegend animalische Nahrung nur als Nestlingsnahrung zutrifft, oder ob die Altvögel in diesen Perioden ebenfalls bevorzugt darauf zurückgreifen. Die von COLLINGE analysierten Mageninhalte (von 25 adulten Vögeln aus England) sprechen dafür, daß das letztere der Fall ist (65,5 % animalische, dagegen nur 34,5 % vegetabilische Bestandteile, in der Gesamtheit gesehen). — Die Nestlingsnahrung der Heckenbraunelle wird bei NAUMANN als rein animalisch angegeben, dagegen erwähnten NIETHAMMER, STEINFATT und KRZYWIŃSKI auch noch Zufütterung von vegetabilischen Bestandteilen. Aussagen über die spezielle qualitative Zusammensetzung der Nestlingsnahrung und damit eine ökologische Charakteristik des verfütterten Formenspektrums sind jedoch nur mit Hilfe der Halsring-Methodik möglich, so daß wir hierüber bei den genannten Autoren nichts finden. Neben einigen wenigen, durch Beobachtung ermittelten Fakten von STEINFATT und KRZYWIŃSKI liegen Untersuchungen solcher Art bisher nur von BÖSENBERG bzw. MANSFELD/BÖSENBERG (168 Beuteobjekte von ? Bruten, Feldschutzstreifen des thüringischen Raumes) sowie aus dem osteuropäischen Gebiet von INOSEMTSEV (786 Beuteobjekte von 2 Bruten Anfang Juli, Nadelwald-Biotop des Moskauer Gebietes) und PROKOFIEVA (493 Beuteobjekte von 1 Brut Anfang Juli, Mischwald-Biotop des Leningrader Gebietes) vor.

Formenspektrum der Nestlingsnahrung auf Hiddensee

Die im Rahmen von allgemeinen ernährungsbiologischen Untersuchungen an Singvögeln von Gebüsch- und Waldformationen des Nordteils der Insel Hiddensee (Bezirk Rostock) gewonnenen Angaben über die Nestlingsnahrung der Heckenbraunelle aus dem gleichen Biotop bieten eine gute Möglichkeit der vergleichenden Betrachtung, obwohl sie nicht umfangreicher als die vorgenannten Untersuchungen sind und daher, wie in allen diesen Fällen, möglicherweise durch individuelle Besonderheiten der Nahrungswahl einzelner Brutpaare geprägt sein können. Sie beruhen auf Material, welches von je 1 Brut aus den Jahren 1966 und 1968 gewonnen wurde:

	Nestlingstage	Zahl der Beuteobjekte
1966: 4 Proben 9.–12. 7.	2–5	200
1968: 5 Proben 15.–18. 6.	6–9	585
Gesamt: 9 Proben 15. 6.–12. 7.	2–9	785

Die gewonnenen Materialien ergänzen sich insofern, daß sie zeitlich fast die gesamte Entwicklungsperiode der Jungen im Nest umfassen.

Zur Nistökologie der Heckenbraunelle im Untersuchungsgebiet ist hier noch zu bemerken, daß die Verluste in der Brutperiode, wie von Freibrütern allgemein bekannt, auch hier recht hoch sein können. So gingen von den in der Brutperiode 1966 gefundenen 5 Gelegen 4 noch vor dem Schlupf der Jungen verloren. In den Brutperioden der Jahre 1965 und 1967 wurde jeweils 1 Gelege gefunden, deren Eier ebenfalls nicht zum Schlüpfen gelangten. Die im Jahre 1966 übrig gebliebene 1 Brut gestattete schließlich auch nur ein Arbeiten bis zum 5. Nestlingstag. – Nach den gefundenen Brutnestern kann die Wahl des unmittelbaren Neststandortes äußerst vielfältig sein. Nester fanden sich sowohl in niedriger, dichter und krautiger Vegetation kurz über dem Boden als auch in etwa 1 m Höhe und darüber im Gebüsch zwischen verholzten Pflanzenteilen (mehrere Nester befanden sich z. B. in den im Biotop vorherrschenden, aber sonst kaum als Neststandort genutzten Sanddorn-Büschen).

Das hier registrierte Formenspektrum der Nestlingsnahrung der Heckenbraunelle zeigte ein grundsätzlich anderes Bild, als beispielsweise die Nestlingsnahrung von Dorngrasmücke, Goldammer oder Fitislaubsänger als die im Untersuchungsgebiet kennzeichnenden Singvogelarten, und läßt zu diesen nur wenige Gemeinsamkeiten erkennen (EMMRICH). Die für jene Arten als Nestlingsnahrung kennzeichnenden Beuteformen aus den Ordnungen der Lepidopteren oder Orthopteren blieben für die Heckenbraunelle fast oder völlig ungenutzt, welche ihrerseits Beutegruppen nutzte, die von den genannten Arten nicht gefüttert wurden. Im gegebenen Fall stellten Weberknechte *(Opiliones)* nach Abundanz und Frequenz (dominant in 8 von 9 Proben) die weitaus bedeutsamste Beuteform dar. Diese Formen waren im gegebenen Zeitraum nur im Juvenilzustand verfügbar, lagen also mittels ihres Größenbereiches meist noch weit unter den Imaginalmaßen. Berücksichtigt wurden aber von den Vögeln auch kleinste bzw. jüngste Exemplare von etwa 1–2 mm Körperlänge an. Auch die größeren Exemplare wurden mit den langen Gliedmaßen gefüttert. Bei der Beutegruppe der Spinnen lag der bevorzugte Größenbereich der Beuteformen deutlich unter dem der oben genannten Singvogelarten. Gefüttert wurden vor allem Vertreter von Ordnungen, welche kleine und in Bodennähe lebende Arten enthalten (*Linyphiidae, Theridionidae* u. a.), wiederum vor allem in juvenilen Stadien oder als (körperlich kleinere) Männchen. Daneben sind als nicht zu den Insekten gehörige Formen noch zu erwähnen Mollusken (sehr kleine Gehäuseschnecken der oberen Bodenauflage) und Asseln (*Isopoda*). — Unter der Gruppe der Ur-Insekten wurde im vorliegenden Fall die als Nestlingsnahrung von Singvögeln meist völlig unbeachtete Gruppe der Springschwänze (*Collembola*) von den Heckenbraunellen in recht hoher Frequenz (6 von 10 Proben) und in ebensolcher Abundanz genutzt. So enthielt eine einzelne Halsringprobe (von 5 Nestlingen und etwa 2—3 Stunden Dauer) Zahlen von etwa 20—70 Exemplaren im Minimal- bzw. Maximalfall. Im hier zitierten Beispiel wurde nur, wohl durch das Angebot bedingt, eine einzige, zu den Arthropleonen gehörige Form von 2—3 mm Körperlänge eingetragen. Ähnliche Berücksichtigung, wie hier von den Collembolen geschildert, fanden auch alle übrigen Insektenordnungen mit durchweg sehr kleinen Formen: hier Blattläuse (zahlenmäßig gesehen die bedeutsamste Gruppe nach den *Opiliones*, erfaßt wurden geflügelte und ungeflügelte Formen) und Blattflöhe (*Psylloidea*), Staubläuse (*Psocoptera*) sowie die große Artenvielfalt der Kleinzikaden (*Jassidae*) mit den entsprechenden Larven. Eine untere Größengrenze des aufgenommenen Beuteformenbereichs der Heckenbraunelle wurde hier nicht sichtbar, da z. B. auch von den schon recht kleinen Blattläusen und Blattflöhen die noch kleineren Larvenformen gefüttert wurden. Ausgesprochen große Beuteformen als Nestlingsnahrung wurden hier lediglich aus den Gruppen der Fliegen (*Diptera*) und der Schmetterlinge (*Lepidoptera*) registriert. So stellten die größten hier beobachteten Beuteformen Schnaken bzw. schnakenähnliche Dipteren (*Tipulidae* bzw. *Limnobiidae*) dar, unter den Lepidopteren sehr vereinzelt Eulen- und Spanner-Larven. Vorzugsweise wurden anscheinend auch hier kleine bis sehr kleine Dipteren gefüttert; entsprechend des Angebotes waren das im vorliegenden Fall besonders Zuckmücken (*Chironomidae*). Entsprechend waren es kleine Mikro-Lepidopteren als Falter oder Larven.

Es können aus diesem Grunde, auch in regionaler Sicht, sehr viele, taxonomisch verschiedene Beuteformen als Nestlingsnahrung Berücksichtigung finden, da die Formenvielfalt eines Biotops allgemein in Richtung auf die kleinen und sehr kleinen Arten stark zunimmt. So umfaßte z. B. eine einzelne Halsring-Probe im genannten Rahmen durchschnittlich 50—100 Beuteobjekte (max. 250) mit durchschnittlich 20—30 taxonomischen Einheiten (max. 35). Eingeengt wird dieses potentielle Angebot durch den in Bodennähe liegenden Vorzugsbereich der Nahrungssuche.

Allgemeine Tendenzen bei der Auswahl der Nestlingsnahrung

Der zuerst auffallende Fakt, der niedrige Größenvorzugsbereich der Beuteformen der Nestlingsnahrung der Heckenbraunelle, zeigt auch im Vergleich mit den genannten Angaben aus dem Schrifttum, daß sonst häufig von Singvögeln zur Fütterung der Nestlinge genutzte Beutegruppen wie die Lepidopteren von der Heckenbraunelle kaum genutzt werden, während Gruppen einheitlich kleiner Beuteformen, aber mit teilweise sicher lokal hohem Angebot, wie z. B. die Blattläuse, auch in anderen Regionen den Hauptanteil der Nestlingsnahrung ausmachen können (so BÖSENBERG an Heckenbraunellen aus Feldhecken-Biotopen oder INOSEMTSEV aus einem osteuropäischen Nadelwald-Biotop). Wie im vorliegenden Fall, spielen auch in den von den genannten Autoren geschilderten Fällen größere Lepidopteren (sowohl als Larven als auch als Imagines) keine oder nur eine sehr untergeordnete Rolle. Die von KRZYWIŃSKI ermittelten wenigen Nahrungsformen (ein Nestling wurde im Alter von 3–5 Tagen jeweils einmal zum Erbrechen gebracht) ergaben als Hauptanteil kleine, nackte Lepidopteren-Larven (vermutlich Mikro-Lepidopteren). Der genannte Vorzugsbereich der Nahrungssuche mit der Bodenoberfläche sowie der unteren Krautschicht muß nach den genannten Befunden bestätigt werden. Als Vorzugsnahrung wären kleine bis sehr kleine und unchitinisierte Formen dieses Stratums zu nennen (auch in regional anderen Gebieten werden z. B. Blattläuse, Zikaden oder Spinnentiere als Hauptbeutegruppen genannt). Die Anteile der „Spinnentiere" (Arachniden, d. h. Spinnen und verwandte Gruppen), welche diesen Bedingungen am besten entsprechen, erreichen bei der Heckenbraunelle im Vergleich zu anderen Singvogelarten (s. PROKOFIEVA) hohe Relativ-Anteilwerte (nach PROKOFIEVA, INOSEMTSEV sowie den vorliegenden Beobachtungen zwischen 25 und 40 % der gesamten Beuteobjektzahl). Die Anteile der Dipteren schwanken im analogen Vergleich sehr. Es können sowohl sehr kleine und inaktive als auch große und fluggewandte Formen (z. B. Schwebfliegen) erbeutet werden. Gehäuseschnecken in geringen Anteilen gehören auch bei der Heckenbraunelle zum normalen Nahrungsspektrum. Alle kleinen Beuteformen wurden hier nicht einzeln, sondern klumpenförmig mit mehreren bis vielen ähnlichen Objekten zusammen verabreicht.

Von Fall zu Fall außerordentlich unterschiedlich zeigten sich die Anteile der vegetabilischen Zufütterung in der Nestlingsnahrung der Heckenbraunelle. Blieb die Nestlingsnahrung in den von INOSEMTSEV beschriebenen Fällen rein animalisch, wurden nach PROKOFIEVA in anderen Fällen bedeutende Anteile von Sämereien mit gefüttert (Fichten-Samen in einem Fichten-Wald bei günstigem Angebot [?]). STEINFATT erwähnte ebenfalls eine solche vegetabilische Zufütterung. KRZYWIŃSKI stellte (an Hand eines Nestlings im Alter von 3–5 Tagen) einen bedeutenden Anteil pflanzlicher Sämereien fest. Auch im vorliegenden Fall wurden einzelne, relativ große Samenkerne (nicht determiniert) in 4 von 9 Proben festgestellt, und zwar nur bei der Brut 1968 mit den älteren Jungen. Voraussetzung für die Verfütterung pflanzlicher Nahrung ist naturgemäß das Vorhandensein von Sämereien in der jahreszeitlich relativ früh liegenden Brutsaison, daneben spielt vielleicht auch die Angebotslage an akzeptablen animalischen Beuteformen eine Rolle. So zeigte gerade das von PROKOFIEVA untersuchte Brutpaar der Heckenbraunelle mit dem hohen Anteil an vegetabilischen Stoffen auch in den Anteilverhältnissen einiger animalischer Beutegruppen ein vom hier geschilderten Standard etwas abweichendes Bild.

Summary

CONTRIBUTION TO NESTLING FOOD OF THE HEDGE-SPARROW (PRUNELLA MODULARIS L.)

On the basis of some facts found on Hiddensee island (Rayon of Rostock) about nestling food of the Hedge-Sparrow, nestling food of this species is tried to be characterized in conjunction with literature interpretation.

Food chosen for nestlings preferably covers small and very small and soft arthropods from lower strata of the habitat, such as small Homoptera and Arachnida.

These are captured in greater abundances and diversity of species. Groups with larger species of prey animals used for feeding young songbirds of other species, such as Macrolepidoptera, take no loading part. Vegetable food is chosen for feeding nestlings probably not very often and on second place only.

Literatur

BÖSENBERG, K., 1967: Aus der Beuteliste der Singvögel (III). – Garten u. Kleintierzucht (A), **6**, 2. Oktoberheft, S. 6.

COLLINGE, W. E., 1924–27: The food of some British wild birds. – York.

EMMRICH, R., 1973: Das Nahrungsspektrum der Dorngrasmücke (*Sylvia communis* Lath.) in einem Gebüsch-Biotop der Insel Hiddensee. – Zool. Abh. Mus. Tierk. Dresden, **32**, Nr. 18, S. 275–307.

INOSEMTSEV, A. A., 1963: Über die Nestlingsnahrung der Heckenbraunelle und des Flußschwirls im Moskauer Gebiet (Russ.). – Ornitologija (Moskva), **6**, S. 101–103.

KRZYWIŃSKI, A., 1965: Observations on the Hedge Sparrow, *Prunella modularis* (L.) in the forest-district Rogów (Forest Research Station of the Warsaw High School of Agriculture) (Poln.). – Przeglad Zoologiczny, **9**, S. 286–289.

MANSFELD, K. und BÖSENBERG, K., 1959: Untersuchungen über die Zusammensetzung und Ernährung der Vögel in Windschutzstreifen. – Forschungsbericht Biol. Zentralanst. Berlin d. DAL (Vogelschutzwarte Seebach). (Unveröff.).

NAUMANN, J. F. (Ed.), 1905: Naturgeschichte der Vögel Mitteleuropas. Bd. I. Gera.

NIETHAMMER, G. (Ed.), 1937: Handbuch der deutschen Vogelkunde. Bd. I, Leipzig.

PROKOFIEVA, J. W., 1961: Über die Rolle verschiedener Wirbelloser und Wirbeltiere in der Nestlingsnahrung einiger Waldvögel (Russ.). – Dokl. Akad. Nauk SSSR (Moskva), **136**, S. 497–499.

STEINFATT, O., 1938: Das Brutleben der Heckenbraunelle, *Prunella m. modularis*. – Ornith. Monatsber., **46**, S. 65–76.

WITHERBY, H. F. (Ed.), 1952: The Handbook of British Birds. Vol. II. London.

Anschrift des Autors:

Dr. R. Emmrich, Staatliches Museum für Tierkunde Dresden,
DDR – 801 Dresden, Augustusstraße 2

III-4-9-411-1 105-19-74

ZOOLOGISCHE ABHANDLUNGEN
STAATLICHES MUSEUM FÜR TIERKUNDE IN DRESDEN

Bd. 33 | Ausgegeben: 15. Juli 1975 | Nr. 18

An Horsten des Uhus (Bubo bubo) in Bulgarien
II. Der Uhu in Nordostbulgarien

(Aves, Strigidae)

Mit 1 Karte und 11 Fotos

WOLFGANG BAUMGART
Berlin

1. Einleitung

Bei der Beschäftigung mit dem Uhu im Iskerdurchbruch (s. BAUMGART, SIMEONOV et al., 1973) wuchs auch das Interesse am Vorkommen und den Lebensbedingungen dieser Eule in anderen Teilen Bulgariens. Es wurden daher ab 1964 Erkundungsfahrten in die Flußtäler Nordostbulgariens und an die Küste unternommen. Wegen der leider immer nur in begrenztem Maße zur Verfügung stehenden Zeit (in den ersten beiden Jahren konnten nur während der Sommerferien, später während des Urlaubs einige Tage abgezweigt werden), vermitteln die vorliegenden Ergebnisse trotz einer zehnjährigen Untersuchungstätigkeit kein abgeschlossenes Bild und sind als Ergänzung des bereits erschienenen Teils anzusehen. Vor allem fehlen durchgehende Beobachtungen im Jahreszyklus. Grundlegende Unterschiede zwischen diesen Uhus der Ebene und den im Westbalkan ansässigen werden trotzdem offensichtlich, und es glückten eine Reihe aufschlußreicher Einzelbeobachtungen.

Obwohl sich alle besuchten Plätze in tieferen Lagen befinden (nur ein Horst steht über 200 m über NN), unterscheiden sich die in den einzelnen Gebieten vorliegenden Verhältnisse teilweise recht beachtlich voneinander. Einer dem gerecht werdende, berichtartige Darstellungsweise mit besonderer Betonung der Ernährungsverhältnisse wurde daher gegenüber der im ersten Teil geübten Gliederung nach biologischen Kriterien der Vorzug gegeben. Bereits dort in die Diskussion einbezogene Literaturangaben bleiben an dieser Stelle meist unberücksichtigt.

Bei der Bestimmung der Rupfungen und Gewölle gewährten mir die Herren K. BANZ (Berlin), R. MÄRZ (Sebnitz) und Prof. Dr. J. NIETHAMMER (Bonn) ihre volle Unterstützung, wofür ihnen hiermit vielmals gedankt sei.

2. In Nordostbulgarien besuchte Gebiete und Horstplätze

2.1. Lomtal und Razgrader Raum

Den Norden Bulgariens durchziehen viele zur Donau führende Flußtäler. Meist tief in den kalkigen Grund eingeschnitten, werden sie von einer malerischen Kulisse schroffer Wände eingerahmt. An der Oberkante derselben beginnen dann teilweise

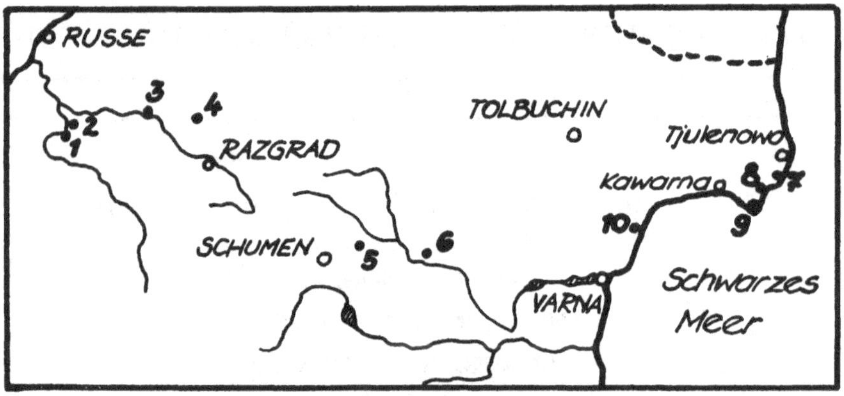

In Nordostbulgarien kontrollierte Horstplätze des Uhus.

1: Černi Lom I; 2: Černi Lom II; 3: Beli Lom; 4: Razgrad; 5: Madara; 6: Nevša; 7: Kamen brjag; 8: Tauk-liman (Rusalka); 9: Kap Kaliakra; 10: Goldsand bei Varna.

fast völlig unvermittelt und übergangslos weiträumige Anbauflächen. Daneben finden sich vor allem in der Talsohle und auf den Hängen ausgedehnte Wiesen, Buschwälder und steinige Ödflächen. Das Lomtal, das diese Landschaftsform mit seinen stellenweise 100 m den Flußspiegel überragenden Felskomplexen in besonders ausgeprägter Weise repräsentiert, ist ständig wasserführend und im Frühjahr bei Überschwemmungen streckenweise kaum begehbar.

Erfreulicherweise sind in diesem landschaftlich wie faunistisch gleich reizvollem Tal inmitten intensiv genutzten Kulturlandes mit Stein-, Schrei- und Schlangenadler sowie dem Würgfalken noch eine Reihe seltener Greife Brutvögel. Sogar der Wolf ist wenigstens in einem Revier Standwild.

Für den Uhu finden sich hier nahezu überall ideale Horstplätze und auch das Nahrungsangebot ist äußerst günstig. Auf eine Nennung aller in Erfahrung gebrachten Horstplätze muß verzichtet werden. Ganz allgemein kann in den felsenbestückten Teilen der Lomtäler wenigstens aller 3—4 km mit einem Uhupaar gerechnet werden.

Von den vier besuchten Horstplätzen befinden sich zwei im Tal des Černi Lom, einer am Beli Lom und einer in einem wenig mehr als 10 km Entfernung parallel zum Beli Lom verlaufenden, letztlich blind endenden kleinen Flußtal, das bis auf die weniger hohen Felsen dem Lomtal gleicht und im Bereich des Uhuplatzes einen sumpfigen Charakter aufweist.

Horstplatz am Černi Lom 1

Dieser in der Umgebung des Dorfes Pepelina befindliche Horstplatz wurde am 16. 6. 1965 gefunden. Die Jungen, den Rufen nach 2, möglicherweise auch 3, hatten den auf einem größeren plateauförmigen Sims im unteren Drittel der Westwand befindlichen, mühelos erreichbaren Horst bereits verlassen. Im hohen Gras der Plattform waren regelrechte Laufgänge ausgetreten. Bei der Annäherung rief erst das ♂; das ♀ flog dann unter Schnabelknappen und Ausstoßen bellender Rufe in der Wand umher. Es näherte sich mit Angriffsabsichten bis auf etwa 10 m. Ein ähnlich aggressives Verhalten konnte an keinem anderen bulgarischen Horstplatz beobachtet werden.

1966 wurde das Gebiet am 10. 6. besucht. Die Uhus hatten in diesem Jahr die 300 m entfernte, schräg gegenüberliegende Südostwand bezogen und in 15 m Höhe am Eingang einer etwa 3 m Durchmesser aufweisenden Höhle gebrütet. Erstiegen wurde der Horst von dem am Orlowa čuka tätigen Höhlenwart. Die Ausbeute an Nahrungsresten war wesentlich geringer als im Vorjahr, da der beherzt kletternde Mann sich unerklärlicherweise panisch vor den beiden noch im Horst befindlichen Junguhus fürchtete. Nur durch ständiges Zureden war er davon abzuhalten, sie zu erschlagen. Da am Fuße der Wand noch zwei bereits ausgewanderte Junguhus gefunden wurden, sind damit in jenem Jahr sogar 4 Junge aufgezogen worden.

Rupfungen und Gewölle ermöglichten die Bestimmung von insgesamt 71 Säugern, 46 Vögeln und 1 Käfer.

Säuger:	1965	1966	Gesamt
Igel *(Erinaceus europaeus)*	6	2	8
Maulwurf *(Talpa europaea)*	1	—	1
Hase *(Lepus europaeus)*	1	1	2
Kaninchen *(Oryctolagus cuniculus)*	1	—	1
Wanderratte *(Rattus norvegicus)* (!)	7	6	13
Waldmaus *(Apodemus sylvaticus)*	1	—	1
Zwergmaus *(Micromys minutus)*	1	—	1
Schermaus *(Arvicola terrestris)* (!)	5	3	8
Feldmaus *(Microtus arvalis)*	2	—	2
Hamster *(Cricetus cricetus)*	1	1	2
Goldhamster *(Mesocricetus auratus)* (!)	12	5	17
Ziesel *(Citellus citellus)* (!)	7	3	10
Siebenschläfer *(Glis glis)*	2	—	2
Blindmull *(Spalax leucodon)*	1	2	3

Vögel:	1965	1964	Gesamt
Rebhuhn *(Perdix perdix)* (!)	2	3	5
Haushuhn *(Gallus domesticus)* (!)	3	2	5
Wachtel *(Coturnix coturnix)*	2	1	3
Hohltaube *(Columba oenas)*	1	2	3
Türkentaube *(Streptopelia decaocto)*	1	1	1
Würgfalke *(Falco cherrug)* (F!)	3	—	3
Turmfalke *(Falco tinnunculus)*	—	1	1
Waldohreule *(Asio otus)*	1	1	2
Sumpfohreule *(Asio flammeus* (F!)	—	1	1
Steinkauz *(Athene noctua)*	—	1	1
Grünspecht *(Picus viridis)*	—	1	1
Kuckuck *(Cuculus canorus)*	1	—	1
Nebelkrähe *(Corvus corone)*	1	1	2
Dohle *(Corvus monedula)* (!)	5	3	8
Elster *(Pica pica)*	1	1	2
Singdrossel *(Turdus philomelos)*	2	—	2
Feldlerche *(Alauda arvensis)*	1	—	1
Haubenlerche *(Galerida cristata)*	—	1	1
Kleinvögel unbest.	3	—	3

Wirbellose:

Hirschkäfer (*Lucanus* sp.)	1	–	1

Zur Erklärung der Tabellen und Beutetierlisten:

(!) für die Ernährung des Uhus im vorliegenden Horstgebiet wichtige Beutetiere

(F!) Nachweise von faunistischem Interesse

Weniger als 1 km flußabwärts vom Horst entfernt bewohnte 1965 ein einzelnes Uhu-♂ eine Südwestwand. Es rief wiederholt in den Abendstunden, und nach Berichten von Schäfern soll sich auch hier in den folgenden Jahren ein Horst befunden haben.

Horstplatz am Černi Lom 2

In der Umgebung von Červen (6 km Luftlinie vom vorstehend genannten Platz entfernt) wurde dieser Horst am 7. 6. 1966 gefunden. Es handelte sich um eine verhältnismäßig enge, aber tiefe Höhle (am Eingang 0,8 m breit, 1 m hoch und 3 m tief) 20 m hoch in einer Westwand am Überhang vom Haupt- zum Seitental, wenig unterhalb eines gut begehbaren Felsbandes. Die beiden Jungen hatten den Horst bereits verlassen und waren von Schäfern gefangen worden, die sie auf meine Bitte hin wieder frei ließen. Die Rupfungs- und Gewöllfunde im Horst gestatteten die Bestimmung von 67 Säugern und 59 Vögeln.

Säuger:

Igel *(Erinaceus europaeus)* 6, Maulwurf *(Talpa europaea)* 3, Mauswiesel *(Mustela nivalis)* 1, Hase *(Lepus europaeus)* 1, Wanderratte *(Rattus norvegicus)* 7, Waldmaus *(Apodemus sylvaticus)* 3, Schermaus *(Arvicola terrestris)* 7, Goldhamster *(Mesocricetus auratus)* 27 (!), Ziesel *(Citellus citellus)* 8, Siebenschläfer *(Glis glis)* 2, Blindmull *(Spalax leucodon)* 2.

Vögel:

Rebhuhn *(Perdix perdix)* 17 (!), Wachtel *(Coturnix coturnix)* 2, Hohltaube *(Columba oenas)* 2, Turteltaube *(Streptopelia turtur)* 2, Haustaube *(Columba livia)* 7, Wachtelkönig *(Crex crex)* 1, Turmfalke *(Falco tinnunculus)* 2, Waldohreule *(Asio otus)* 3, Steinkauz *(Athene noctua)* 2, Zwergohreule *(Otus scops)* 1, Kuckuck *(Cuculus canorus)* 1, Blauracke *(Coracias garrulus)* 1, Nebelkrähe *(Corvus corone)* 1, Saatkrähe *(Corvus frugilegus)* 1, Dohle *(Corvus monedula)* 12 (!), Eichelhäher *(Garrulus glandarius)* 1, Elster *(Pica pica)* 1, Misteldrossel *(Turdus viscivorus)* 1, Kleinvögel unbestimmt 1.

3 km flußabwärts war ein weiteres Uhupaar ansässig, dessen Horst aber nicht gefunden werden konnte. Längere Zeit jagte ein Altvogel, wohl das ♂, in den Abendstunden des 8. 6. am Fluß. Besonders bevorzugte er die Umgebung einer einzelnen Mühle, wo er, auf Pfählen und Stangen sitzend, offenbar auf Ratten paßte. Er gestattete dabei (ohne abzufliegen) eine Annäherung auf etwa 30 m, wobei er das Gefieder eng anlegte und sich ganz klein machte. Die Federohren wurden drohend aufgerichtet. Er erschien dabei in der Dämmerung kaum größer als eine Waldohreule, und erst als er abfliegend die Schwingen voll entfaltete, waren diesbezüglich alle Zweifel beseitigt. Eine ähnliche Pose zeigte einst ein in einem keine Versteckmöglichkeiten aufweisenden Käfig untergebrachter Wildfang, wenn sich ihm Menschen näherten. Dies wurde als Ausdruck der Angst und drohenden Abwehr gewertet.

Horstplatz am Beli Lom

Anläßlich des Besuches an einem Schmutzgeierhorst bei Krivnja wurde am 30. 8. 1969 auch dieser Horstplatz entdeckt. Schmutzgeier und Uhu bewohnten benachbarte Felsstöcke am Fuße des Südhanges innerhalb eines ausgedehnten Waldgebietes, 3 km vom nächsten Dorf entfernt. Beim abendlichen Ansitz wurden 3 Junguhus verhört und anschließend bei ihren Flugübungen beobachtet.

Da der Uhuhorst nicht zu ersteigen war, konnten nur die am Fuße der 30 m hohen Wand gefundenen Nahrungsreste zur Aufstellung der etwas bescheidenen Beuteliste herangezogen werden. Es handelte sich um 22 Säuger, 1 Vogel und 2 Käfer.

Säuger:

Igel *(Erinaceus europaeus)* 3, Hase *(Lepus europaeus)* 1, Wanderratte *(Rattus norvegicus)* 6 (!), Waldmaus *(Apodemus sylvaticus)* 1, Schermaus *(Arvicola terrestris)* 2, Feldmaus *(Microtus arvalis)* 6, Blindmull *(Spalax leucodon)* 1, Eichhorn *(Sciurus vulgaris)* 1, Siebenschläfer *(Glis glis)* 1.

Vögel:

Turtel- oder Türkentaube *(Streptopelia turtur* bzw. *Str. decaocto)* 1.

Wirbellose:

Hirschkäfer *(Lucanus* sp.) 2.

Auch in den folgenden Jahren ergaben sich Hinweise auf die Anwesenheit der Uhus, ohne daß intensivere Nachforschungen betrieben werden konnten. Am 6. 9. 1971 wurde das abends rufende und ins Jagdrevier abstreichende ♂ beobachtet.

Horstplatz bei Razgrad

Auf diesen Horstplatz 10 km nördlich von Razgrad in der Umgebung des Dorfes Tobčij wurde ich im Herbst 1965 aufmerksam gemacht. Während der sofort eingeleiteten Nachsuche ergaben sich am Horstfelsen ebenso wie 1966 keine Hinweise auf die Anwesenheit der Uhus. Lediglich der Horst von 1964 wurde in einer aus dem Hangbuschwald der Südseite herausragenden, 15 bis 20 m hohen Felswand gefunden. Etwa 4 km flußaufwärts lagen aber an einem kleinen Felsstock mit guten Deckungsmöglichkeiten frische Uhufedern, zwei Gewölle und etwas Geschmeiß, so daß wenigstens mit der Anwesenheit eines Vogels gerechnet werden konnte.

Im Juni 1968 hörte ich dann, daß 3 von hier stammende Junguhus an Heimattierparks und an eine Menagerie verkauft worden sind. Bei der Nachsuche am 3. 7. 1968 wurde der Horst in den etwas höheren Wänden am Dorfrand auf dem Gelände einer Gärtnerei und in unmittelbarer Nachbarschaft eines intensiv betriebenen Steinbruches gefunden, durch dessen Lärm sich die Uhus nicht hatten beeindrucken lassen. Die vordem häufig hier brütenden Dohlen waren wohl auch eher wegen der Uhus als wegen der Betriebsamkeit an andere Felsen umgesiedelt. Wie Gärtnereiarbeiter berichteten, waren die aus dem Horst gewanderten Junguhus „Schatzsuchern", die in den höhlenreichen Wänden nach verborgenem Gold gesucht hatten, in die Hände gefallen und als Ersatz für bessere Funde für immerhin umgerechnet 80,— Mark das Stück verkauft worden.

1969 kam es im gleichen Horst zur Brut. Über die Zahl und den Verbleib der Jungen war nichts in Erfahrung zu bringen. Während eines Abendansitzes am 8. 9. glückten keine entsprechenden Beobachtungen. Während eines Besuches am 5. 9. 1971 ergaben sich keine Hinweise auf eine Brut in diesem oder dem vergangenen Jahr, obwohl einige frische Mauserfedern die Anwesenheit der Uhus belegten.

Die Gesamtbeuteliste enthält 91 Säuger, 68 Vögel, 15 Frösche und 12 Käfer.

Säuger:	1964	1968	1969	Gesamt
Igel *Erinaceus europaeus)* (!)	7	3	3	13
Maulwurf *(Talpa europaea)*	2	3	1	6
Fledermaus (Species ?)	–	–	1	1
Hermelin *(Mustela erminea)*	–	1	1	2
Hase *(Lepus europaeus)*	1	3	1	5
Wanderratte *(Rattus norvegicus)* (!)	4	13	5	22
Waldmaus *(Apodemus sylvaticus)*	–	3	1	4
Schermaus *(Arvicola terrestris)*	1	3	1	5
Feldmaus *(Microtus arvalis)* (!)	4	9	1	14
Goldhamster *(Mesocricetus auratus)* (!)	4	5	4	13
Eichhorn *(Sciurus vulgaris)*	–	1	–	1
Siebenschläfer *(Glis glis)*	–	2	2	4
Blindmull *(Spalax leucodon)*	–	–	1	1
Vögel:				
Rebhuhn *(Perdix perdix)* (!)	1	6	1	8
Wachtel *(Coturnix coturnix)*	3	1	2	6
Haushuhn *(Gallus domesticus)*	–	–	1	1
Hohltaube *(Columba oenas)*	–	–	1	1
Haustaube *(Columba livia)* (!)	–	3	4	7
Ringeltaube *(Columba palumbus)*	–	1	–	1
Turteltaube *(Streptopelia turtur)*	1	1	–	2
Türkentaube *(Streptopelia decaocto)*	–	1	1	2
Stockente *(Anas platyrhynchos)*	–	1	–	1
Hausente *(Anas boschas domestica)*	–	–	1	1
Ente, klein *(Anas querquedula ?)*	1	–	–	1
Zwergrohrdommel *(Ixobrychus minutus)*	–	–	1	1
Wachtelkönig *(Crex crex)*	1	–	–	1
Teichralle *(Gallinula chloropus)*	–	1	–	1
Turmfalke *(Falco tinnunculus)*	1	1	–	2
Steinkauz *(Athene noctua)*	2	1	1	4
Nebelkrähe *(Corvus corone)*	1	–	1	2
Dohle *(Corvus monedula)* (!)	7	7	2	16
Eichelhäher *(Garrulus glandarius)*	1	1	–	2
Elster *(Pica pica)*	1	1	1	3
Amsel *(Turdus merula)*	1	–	–	1
Vögel unbest.	1	3	–	4

In diesem Tal finden sich noch an anderen Stellen kleinere Felsgruppierungen, in denen sich Uhus bisweilen aufhalten. Sichere Brutnachweise liegen aber aus neuerer Zeit nicht vor. Wahrscheinlich handelt es sich hierbei nur um herumstreifende Jungvögel. Mit gewisser Regelmäßigkeit werden in der Umgebung Razgrads auch Uhus erlegt oder unter Leitungen verendet gefunden. Die Präparate sind in Jägerkreisen sehr geschätzt. Kommen Stücke von Standpaaren zur Strecke, ist ein Aussetzen mit der Brut oft die zwangsläufige Folge. Trotz des noch relativ guten Bestandes kann bis zur erneuten Komplettierung der Paare nach Ausfällen eine längere Zeit vergehen.

Abb. 1
Tal des Černi Lom in der Umgebung von Horstplatz I. Hohe Felswände in den zahlreichen Biegungen des Flusses bieten sichere Horstplätze. Das Nahrungsangebot in der abwechslungsreichen Landschaft ist überaus gut, so daß der Uhu in diesem nahezu idealen Lebensraum eine hohe Siedlungsdichte erreichen kann.

2.2. Provadija-Tal

Das weiträumige Tal, benannt nach dem gleichnamigen, bei Varna in das Schwarze Meer mündenden Fluß, ist ebenfalls in kalkigen Grund eingegraben und insgesamt trockener als vergleichsweise das Lomtal. Die Hänge sind weniger mit Wänden als mit einzelnen Felsgruppierungen bestückt. Vielerorts schließt sich an die Talzone ein ausgedehntes, mit Buschwald bestandenes hügeliges Gelände an. Im eigentlichen Provadija-Tal zwischen Gara Kaspičan und Provadija fehlen ausgedehnte, intensiv bewirtschaftete Anbauflächen.

Über das Vorkommen des Uhus in diesem Gebiet finden sich bereits bei REISER (1894) ausführlichere Angaben und man kann praktisch überall mit der Anwesenheit von Uhus rechnen. Trotzdem glückte es nur bei Madara, bereits etwas außerhalb des Tales, einen Horst zu finden. Die Anwesenheit des Uhus bei Provadija, Rawnja und Nevša wurde durch viele Federfunde und am letztgenannten Ort durch Direktbeobachtungen belegt, ohne daß hier der abschließende Brutnachweis glückte.

Horstplatz bei Madara

Der Horst in den Felsen unweit des historischen Reiterreliefs von Madara (etwa 250 m über NN) wurde am 13. 6. 1968 entdeckt, als das bei den ausgewanderten Jungen wachende ♀ vom Fuße der Wand abstrich. Die gleichfalls flüchtenden Jungen legten hangabwärts fliegend über 200 m zurück und versteckten sich dann sofort vor

Abb. 2
Uhu-Horstfelsen am Beli Lom (Markierungspfeil). Die Höhlen des rechts im Bild befindlichen Felsen werden seit Menschengedenken vom Schmutzgeier zum Brüten bezogen.

den in großer Zahl auf sie hassenden Dohlen unter Brombeergestrüpp, so daß ein Zurückbringen in ein Felsversteck erforderlich wurde. Da ein Ersteigen der fast 100 m hohen Westwände, die in 30 m Höhe die Horsthöhle bargen, nicht möglich war, konnten nur die wenigen am Boden liegenden Nahrungsreste ausgewertet werden, die 5 Säuger und 12 Vögel erbrachten.

Es handelte sich dabei um:

Säuger:

Igel *(Erinaceus europaeus)* 3, Hase *(Lepus europaeus)* 1, Wanderratte *(Rattus norvegicus)* 1.

Vögel:

Rebhuhn *(Perdix perdix)* 1, Haushuhn *(Gallus domesticus)* 5 (!), Türkentaube *(Streptopelia decaocto)* 1, Turmfalke *(Falco tinnunculus)* 2, Dohle *(Corvus monedula)* 3.

Am 19. 6. 1970 konnte der Platz wieder besucht und das Auskommen von 2 Junguhus bestätigt werden. Das gesammelte Rupfungs- und Gewöllmaterial ging leider vor einer intensiveren Auswertung verloren, so daß diesbezüglich keine entsprechenden Angaben gemacht werden können. Auffällig war in jedem Falle die dominierende Rolle der Haushühner, von denen nachweislich 6 bis 8, wahrscheinlich aber wesentlich mehr, aus einer Aufzuchtanlage am Fuße der Felsen, kaum weiter als 400 m vom Horst entfernt, geraubt worden waren. Das Pflegepersonal unternahm trotzdem nichts gegen die Uhus, da es alle auftretenden Verluste dem Fuchs anlastete und dafür wohl von der Forstverwaltung eine Entschädigung erhielt.

Abb. 3
Horstplatz bei Razgrad. Obwohl die Felsen stark zerklüftet und höhlenreich sind, bieten sie infolge ihrer geringen Höhe nur wenig Schutz. Ungünstig wirkt sich auch das Fehlen eines Buschgürtels am Fuß der Wände aus, so daß es trotz guten Nahrungsangebotes während der Brutzeit häufig zu Störungen kommt.

3 km nordöstlich von hier befand sich ein weiterer Horstplatz, der am 14. 6. 1968 nur kurz aufgesucht werden konnte. Die diesjährige Brut belegte ein am Fuße der Horstwand liegender, schon in Verwesung übergehender verendeter Jungvogel.

Uhuvorkommen bei Nevša

Die markanten Felsstöcke am Gara Nevša erscheinen für den Uhu sehr geeignet. In früheren Jahren wurde nach Berichten der Einwohner sein nächtlicher Ruf von hier aus regelmäßig gehört. Von 1968 bis 1972 hatte aber mit hoher Wahrscheinlichkeit keine Brut stattgefunden.

Am 12. 7. 1968 lagen Mauserfedern in der Ostwand des Bulkanarar. Im folgenden Jahr wurde am 17. 8. ein ♀ mit verheiltem Oberarmbruch hier gefunden und am 20. 6. 1970 kamen 2 Uhus, wahrscheinlich ein nicht brütendes Paar, zur Beobachtung (BAUMGART, 1973). Wider Erwarten blieben 1971 und 1972 die Uhus aus, wobei mitnichten ein Verschwinden aus dem Gebiet angenommen werden muß. Möglicherweise ist die Anwesenheit mehrerer Greifvogelarten am Felsen hierfür mit verantwortlich zu machen. Es fällt auf, daß die Uhus vor allem dann am freistehenden Felsstock in Erscheinung traten, wenn die starken und äußerst angriffslustigen Adlerbussarde anderswo brüteten. Bei der Rückkehr der Bussarde zum Felsen verschwanden die Uhus, während sie durch Würg- und Wanderfalken offenbar nicht gestört wurden und für deren Dezimierung wohl in erster Linie verantwortlich zu

Abb. 4
Horstplatz bei Madara. Die Markierungspfeile zeigen die etwaige Lage der in den hohen Wänden kaum erreichbaren Horsthöhle.

machen sind (BAUMGART, 1971). Die Falken dominierten ihrerseits über die Bussarde und gewährten so den Uhus möglicherweise sogar einen gewissen Schutz.

Bei dem verletzten Uhu-♀ wurden aus Nahrungsresten und Gewöllen 2 Igel (*Erinaceus europaeus*), 1 Wanderratte (*Rattus norvegicus*), 1 Hase (*Lepus europaeus*), 1 Haushuhn (*Gallus domesticus*), 1 Türkentaube (*Streptopelia decaocto*) und 1 Laubheuschrecke (*Locusta* sp.) als Beutetiere nachgewiesen. Da diese von dem flugunfähigen Vogel nicht allein geschlagen worden sein konnten, ist anzunehmen, daß das ♀ von seinem Partner auch im verletzten Zustand versorgt worden ist.

2.3. Küste des Schwarzen Meeres

Die bulgarische Schwarzmeerküste weist vielerorts ausgedehnte Felspartien auf, die sich teilweise längs der Flußmündungen in das Landesinnere fortsetzen. Besonders imponierend ist der nördlich von Varna beginnende und sich bis fast an die rumänische Grenze erstreckende, als „Silberküste" bezeichnete Steilküstenabschnitt, mit nicht selten bis über 100 m aus dem Meer ragenden, weiß schimmernden Kalkfelsen. Der Baumbestand ist gering; nur lokal finden sich im unmittelbaren Küstenbereich ausgedehntere Buschwälder sowie kleinere Sumpfflächen und feuchte Niederungen. Ein sich an die Oberkante der Küstenfelsen anschließender Ödstreifen von unterschiedlicher Breite leitet in die weiträumigen Anbauflächen der Dobrudscha über.

In den Felsen längs der Küste finden die Uhus sichere Brutplätze. Die Ernährungslage ist teilweise auch noch recht günstig, erfährt jedoch durch die zunehmende Aus-

Abb. 5
„Bulkanara" bei Nevša. Dieser markante Felsstock bietet nicht nur dem Uhu, sondern auch einer Reihe Greifvögel (Schmutzgeier, Adlerbussard, Saker) günstige Horstgelegenheiten.

dehnung und Intensivierung des Ackerbaues gewisse Einschränkungen. Die Untersuchung der Ernährung dieser Uhus wird dadurch erschwert, daß die Horste meist unbegehbar oder nur mit großem Aufwand erreichbar sind. Lediglich im Norden der „Silberküste", wo die Felsen eine geringere Höhe aufweisen, konnte bisweilen ein Horst erstiegen werden. In der Regel konnten nur die an der Oberkante der Steilküste zufällig glückenden Funde ausgewertet werden.

Zwei Begehungen des 35 km langen Küstenstreifens zwischen Kawarna und Tjulenowo erfolgten vom 30. 5. bis 2. 6. 1966 und vom 30. 8. bis 2. 9. 1967. Im Spätsommer 1967 konnten wenigstens an 5 Plätzen Jungvögel festgestellt werden. Die Zahl der auf beiden Touren sowie während späterer Kurzbesuche ermittelten Horst- sowie dauerhaft besetzten Einstandsplätze belief sich im untersuchten Küstenabschnitt auf 12, wobei aber unter Umständen nicht alle erfaßt worden sein dürften. Teilweise liegen sie weniger als 1 km voneinander entfernt. Den abendlichen Ruf des Uhus kann man relativ häufig vernehmen. Die Vögel kommen dann aus den Felswänden und blocken auf der Oberkante auf. Nach wiederholten Standortwechseln streichen sie letztlich zum Beuteerwerb nach dem Landesinneren ab.

Aus den im Herbst 1967 gesammelten Nahrungsresten konnte für den gesamten begangenen Küstenbereich folgende Beuteliste aufgestellt werden:

Säuger:
Igel *(Erinaceus europaeus)* 1, Hase *(Lepus europaeus)* 1, Wanderratte *(Rattus norvegicus)* 1, Feldmaus *(Microtus arvalis)* 8, Goldhamster *(Mesocricetus auratus)* 2, Ziesel *(Citellus citellus)* 3.

Abb. 6
„Silberküste" östlich von Kawarna. Der Uhu bewohnt die vegetationsarmen, zum Meer hin abfallenden Kalkhänge und -wände.

Vögel:

Rebhuhn *(Perdix perdix)* 1, Wachtel *(Coturnix coturnix)* 7, Haustaube *(Columba livia)* 3, Turteltaube *(Streptopelia turtur)* 3, Wachtelkönig *(Crex crex)* 3, Teichralle *(Gallinula chloropus)* 2, Bleßralle *(Fulica atra)* 3, Zwergtrappe *(Otis tetrax)* 1 (F!), Rallenreiher *(Ardeola ralloides)* 1, Seidenreiher *(Egretta garzetta)* 1, Zwergrohrdommel *(Ixobrychus minutus)* 1, Kiebitz *(Vanellus vanellus)* 1, Wiedehopf *(Upupa epos)* 6, Krähe *(Corvus* sp.) 1, Pirol *(Oriolus oriolus)* 1, Neuntöter *(Lanius collurio)* 1, Nachtigall *(Luscinia megarhynchos)* 1, mittelgroße Vögel, unbest. 2.

Wirbellose:

Hirschkäfer *(Lucanus* sp.) 1, Laufkäfer *(Carabus* sp.) 12.

Horstplatz bei Kamen brjag

Im nördlichen Teil der Felsküste in der Umgebung des Dobrudscha-Dorfes Kamen brjag gelang es, am 1. 6. 1966 einen ersteigbaren Horst zu finden. Er befand sich in einer Einkerbung der 30 m aufragenden Steilküste und war bereits 1965 besetzt gewesen. 1966 waren die beiden Jungvögel zum Zeitpunkt des Auffindens gerade so weit entwickelt, daß sie umherzuwandern begannen. In den folgenden Jahren wechselten die Uhus die Horststelle.

Die Beuteliste dieses Paares ist von nahezu unübertroffener Vielfalt und ungemein reichhaltig. Sie umfaßt 45 Säuger, 71 Vögel und 7 Käfer.

Säuger:

Igel *(Erinaceus europaeus)* 2, Hase *(Lepus europaeus)* 2, Wanderratte *(Rattus norvegicus)* 4, Waldmaus *(Apodemus sylvaticus)* 1, Feldmaus *(Microtus arvalis)* 3, Goldhamster *(Mesocricetus auratus)* 22 (!), Ziesel *(Citellus citellus)* 11 (!).

Abb. 7
Im nördlichen Teil der „Silberküste" wird, wie hier bei Taukliman, das Gestein fester und die Felsen sind schroffer. Der Pflanzenbewuchs ist reicher. Markierungspfeile zeigen die etwaige Lage zweier benachbarter Horstplätze.

Vögel:

Rebhuhn *(Perdix perdix)* 1, Wachtel *(Coturnix coturnix)* 4, Haustaube *(Columba livia)* 2, Ringeltaube *(Columba palumbus)* 1, Turteltaube *(Streptopelia turtur)* 6, Ente, mittelgroß (Species?) 2, Ente, klein (Species?) 2, Seidenreiher *(Egretta garzetta)* 3, Rothalstaucher *(Podiceps griseigena)* 1, Krähenscharbe *(Phalacrocorax aristotelis)* 2 (F!), Wasserralle *(Rallus aquaticus)* 2, Wachtelkönig *(Crex crex)* 1, Kleine Ralle *(Porzana parva)* 1, Teichralle *(Gallinula chloropus)* 3, Silbermöwe *(Larus argentatus)* 1, Lach- oder Schwarzkopfmöwe *(Larus ridibundus/L. melanocephalus)* 2, Zwergmöwe *(Larus minutus)* 1, Trauerseeschwalbe *(Chlidonias niger)* 1, Waldkauz *(Strix aluco)* 1, Steinkauz *(Athene noctua)* 1, Mauersegler *(Apus apus)* 2, Kuckuck *(Cuculus canorus)* 1, Blauracke *(Coracias garrulus)* 1, Wiedehopf *(Upupa epos)* 1, Nebelkrähe *(Corvus corone cornix)* 1, Dohle *(Corvus monedula)* 2, Pirol *(Oriolus oriolus)* 1, Kalanderlerche *(Melanocorypha calandra)* 1, Feldlerche *(Alauda arvensis)* 1, Misteldrossel *(Turdus viscivorus)* 1, Singdrossel *(Turdus philomelos)* 1, Drossel unbest. *(Turdus* sp.) 3, Star *(Sturnus vulgaris)* 1, Nachtigall *(Luscinia megarhynchos)* 1, Schwarzstirnwürger *(Lanius minor)* 1, Neuntöter *(Lanius collurio)* 2, Kernbeißer *(Coccothraustes coccothraustes)* 2, Haus- oder Weidensperling *(Passer domesticus/P. hispaniolensis)* 4, Feldsperling *(Passer montanus)* 1, Vögel unbest. *(Aves* sp.) 5.

Wirbellose:

Kolbenwasserkäfer *(Hydrophilus* sp.) 7.

Horstplatz bei Tauk-liman (Rusalka)

In der Umgebung dieses zum Exklusivkurort ausgebauten, eine Lagune einschließenden Staffelbruches sind mehrere Uhupaare auch heute noch ansässig. Der am Süd-

Abb. 8
Der Uhuhorst bei Kamen brjag in den zum Meer abfallenden Küstenfelsen (s. Markierungspfeile).

ende der Örtlichkeit befindliche Brutplatz wurde am 30. 8. 1967 gefunden. Zu diesem Termin waren wenigstens zwei flügge Jungvögel vorhanden. Am 19. 6. 1972 war der Platz wieder besetzt, ohne daß eine Aussage über den Bruterfolg getroffen werden konnte. Unter erreichbaren Ruheplätzen lagen mehrere frische Gewölle, aus denen 9 Säuger und 22 Vögel bestimmt werden konnten.

Säuger:

Igel *(Erinaceus europaeus)* 1, Feldmaus *(Microtus arvalis)* 7 (!), Ziesel *(Citellus citellus)* 1.

Vögel:

Rebhuhn *(Perdix perdix)* 2, Wachtel *(Coturnix coturnix)* 3, Haustaube *(Columba livia)* 7 (!), Bleßralle *(Fulica atra)* 2, Teichralle *(Gallinula chloropus)* 3, Wasserralle *(Rallus aquaticus)* 1, Dohle *(Corvus monedula)* 1, drosselgroße Vögel 3.

Diese an sich kurze Liste demonstriert die Ernährungsverhältnisse des Uhus in der südlichen Dobrudscha besonders deutlich und weist Felswände, Sumpfgelände, Öd- und Anbauflächen als Jagdgebiet aus.

Horstplätze am Kap Kaliakra

In den Wänden des markant aus der Küstenlinie hervorragenden Kap Kaliakra ist auf jeder Seite ein Uhupaar ansässig, die durch einen kaum 800 m messenden Festlandstreifen getrennt sind. Die Jagdreviere erstrecken sich jedoch in entgegengesetzte Richtungen. Wichtigstes Kriterium für das Zustandekommen der engen Nachbarschaft ist hier, wie auch an anderen ähnlich eng nebeneinanderliegenden

Abb. 9
Am Kap Kaliakra brüten zwei Uhupaare. Der Markierungspfeil weist auf die Horstwand des an der Südseite ansässigen Paares hin.

Plätzen, wohl die Tatsache, daß sich die Vögel während der Balz kaum hören und somit auch kaum stören können. Über die Bruterfolge dieser Uhupaare ist mir nichts bekannt, da nächtliche Aufenthalte am Kap kaum zu ermöglichen sind.

In nachstehender Liste Aufnahme findende Beutetiere stammen von beiden Paaren. Die Nahrungsreste wurden zwischen 1970 und 1972 noch durch G. DEGEN, G. JANDER (beide Berlin) und D. ROBEL (Cottbus) gesammelt, die mir ihre Ergebnisse freundlicherweise zur Verfügung stellten. Es konnten 20 Säuger und 90 Vögel nachgewiesen werden.

Säuger:

Igel *(Erinaceus europaeus)* 2, Maulwurf *(Talpa europaea)* 1, Hermelin *(Mustela erminea)* 1, Hase *(Lepus europaeus)* 1, Wanderratte *(Rattus norvegicus)* 4, Schermaus *(Arvicola terrestris)* 1, Feldmaus *(Microtus arvalis)* 8 (!), Ziesel *(Citellus citellus)* 1, Siebenschläfer *(Glis glis)* 1.

Vögel:

Rebhuhn *(Perdix perdix)* 3, Wachtel *(Coturnix coturnix)* 10 (!), Haushuhn *(Gallus domesticus)* 1, Haustaube *(Columba livia)* 6 (!), Turteltaube *(Streptopelia turtur)* 5 (!), Hausgans *(Anser anser domesticus)* 1, Stockente *(Anas platyrhynchos)* 1, Knäkente *(Anas querquedula)* 1, Teichralle *(Gallinula chloropus)* 7 (!), Bleßralle *(Fulica atra)* 5 (!), Wasserralle *(Rallus aquaticus)* 3, Wachtelkönig *(Crex crex)* 2, Silbermöwe *(Larus argentatus)* 1, Flußseeschwalbe *(Sterna hirundo)* 1, Weißflügelseeschwalbe *(Chlidonias leucopterus)* 1, Zwergdommel *(Ixobrychus minutus)* 1, Turmfalke *(Falco tinnunculus)* 1, Mauersegler *(Apus apus)* 14 (!), Kuckuck *(Cuculus canorus)* 1, Wiedehopf *(Upupa epops)* 3, Nebelkrähe *(Corvus corone cornix)* 2, Dohle *(Corvus monedula)* 2, Star *(Sturnus vulgaris)* 3, Rosenstar *(Sturnus roseus)* 1 (F!), Feldlerche *(Alauda arvensis)* 3, Kalanderlerche *(Melanocorypha calandra)* 1, Amsel *(Turdus merula)* 1, Drossel unbest. *(Turdus* sp.) 1, Drosselrohrsänger *(Acrocephalus arundi-*

Abb. 10
Horstplatz am Goldsand bei Varna. Buschreiche Hänge schützen den am Fuß der Steilwand befindlichen Horst zuverlässig.

naceus) 1, Neuntöter *(Lanius collurio)* 1, Schwarzstirnwürger *(Lanius minor)* 1, Grauschnäpper *(Muscicapa striata)* 2, Sperbergrasmücke *(Sylvia nisoria)* 1, Laubsänger *(Phylloscopus* sp.) 1, Buchfink *(Fringilla coelebs)* 1.

Horstplatz am Goldsand bei Varna

Über die Geschehnisse an diesem 1964 aufgefundenen Horstplatz wurde bereits eine Mitteilung veröffentlicht (BAUMGART, 1971). Im ersten Jahr wurden am 25. 7. zwei flügge Jungvögel verzeichnet, die auch ausgeflogen sein dürften. 1965 befanden sich dann am 14. 6. zwei Jungvögel im Horst, von denen am 24. 6. einer verendet war, während der andere einen apathischen Eindruck machte. Beim Horstbesuch strich ein wachender Altvogel ab.

1966 und 1967 kam es dann offenbar zu keiner Brut, und 1968 wurden die beiden Jungen am 28. 6. verendet im Horst gefunden. Als Ursache für den Tod der Junguhus kann Nahrungsmangel angenommen werden. Die nach 1965 im Horst gefundenen Nahrungsresten aufgestellte Beuteliste weist die Balta, das Mündungsgebiet des Batowa-Flusses bei Kranewo, als Hauptjagdgebiet dieser Uhus aus. Die Liste enthält 18 Säuger und 33 Vögel.

Säuger:

Igel *(Erinaceus europaeus)* 5, Hase *(Lepus europaeus)* 1, Schermaus *(Arvicola terrestris)* 4, Feldmaus *(Microtus arvalis)* 1, Wanderratte *(Rattus norvegicus)* 7.

Vögel:

Rebhuhn *(Perdix perdix)* 2, Wachtel *(Coturnix coturnix)* 1, Haustaube *(Columba*

Abb. 11
Flügge Junguhus am Fuß der Horstwand. Madara, 13. 6. 1968.

livia) 1, Turteltaube *(Streptopelia turtur)* 2, Türkentaube *(Streptopelia decaocto)* 1, Teichralle *(Gallinula chloropus)* 3, Bleßralle *(Fulica atra)* 3, Wasserralle *(Rallus aquaticus)* 1, Tüpfelralle *(Porzana porzana)* 1, Wachtelkönig *(Crex crex)* 1, Stockente *(Anas platyrhynchos)* 3, Knäkente *(Anas querquedula)* 3, Ente, klein *(Anas* sp.) 2, Zwergtaucher *(Podiceps ruficollis)* 2, Seidenreiher *(Egretta garzetta)* 1, Baumfalke *(Falco subbuteo)* 1, Lerche *(Alauda* sp.) 1, Amsel *(Turdus merula)* 1, Vögel unbest. *(Aves* sp.) 3.

Die wenigen, 1966 in der Horstumgebung sowie 1968 im Horst gefundenen Nahrungsreste (folgende Liste) lassen bei nachweisbar 11 Säugern und 15 Vögeln diese Ausrichtung nicht mehr erkennen, wie sich insgesamt Ernährungsschwierigkeiten abzeichnen (kein Beutetier dominiert).

Säuger:

Igel *(Erinaceus europaeus)* 1, Hase *(Lepus europaeus)* 2, Wanderratte *(Rattus norvegicus)* 3, Schermaus *(Arvicola terrestris)* 3, Feldmaus *(Microtus arvalis)* 1, Blindmull *(Spalax leucodon) 1.*

Vögel:

Rebhuhn *(Perdix perdix)* 1, Fasan *(Phasianus colchicus)* 1, Hohltaube *(Columba oenas)* 1, Ringeltaube *(Columba palumbus)* 1, Türkentaube *(Streptopelia decaocto)* 1, Teichralle *(Gallinula chloropus)* 1, Bleßralle *(Fulica atra)* 2, Zwergtaucher *(Podiceps ruficollis)* 2, Steinkauz *(Athene noctua)* 1, Krähe *(Corvus* sp.) 1, Star *(Sturnus vulgaris)* 1, Amsel *(Turdus merula)* 1.

Die Ursache für den Nahrungsmangel ist in erster Linie in der Umgestaltung der Balta zu sehen, in der nacheinander ein großes Kinderferienlager, mehrere Ferienheime und ein großes Campinglager aufgebaut worden sind und in das jetzt teilweise auch der Kurortkomplex Albena hineinreicht. Das Gebiet dürfte damit vor allem an geeigneten Beutetieren verarmt und für den Uhu nicht mehr genügend ergiebig sein.

Der erfolglose Brutversuch von 1968 kann wohl damit erklärt werden, daß im Frühjahr die Ernährungslage besser als während der ab Ende Mai einsetzenden Urlaubssaison ist. Direkte Störungen am Horst waren nicht festzustellen und sind den Umständen nach auch nicht zu erwarten. 1969 und 1970 deutete wiederum nichts auf die Anwesenheit von Uhus hin. 1971 lagen dann am 11. 9. wieder einige Gewölle im Horstbereich. Zu bestimmen waren 1 Igel *(Erinaceus europaeus)*, 1 Maulwurf *(Talpa europaea)*, 4 Wanderratten *(Rattus norvegicus)*, 3 Feldmäuse *(Microtus arvalis)*, 1 Teichralle *(Gallinula chloropus)*, 1 Bleßralle *(Fulica atra)* und 1 Käfer. 1972 wurden dann keine Gewölle gefunden, jedoch wurde am 13. 6. auf den Zinnen im Horstbereich ein einzelner Uhu beobachtet.

3. Die Ernährung nordostbulgarischer Uhus

3.1. Ernährungslage und Beutetierverteilung

Aus den zwischen 1964 und 1972 in Nordostbulgarien und innerhalb eines begrenzten Küstenabschnittes gesammelten Rupfungen und Gewöllen konnten 898 Beutetiere ermittelt werden. Es handelt sich dabei um 388 Säuger in 18 Arten, 459 Vögel in 71 Arten, 15 Frösche und 36 Insekten in 5 Arten. Während in den Listen der Uhus aus dem Lomtal und bei Razgrad die Säuger überwiegen, stehen im Provadija-Tal und an der Küste Vögel im Vordergrund.

In einer Gesamtaufstellung lautet bei den Säugern die Reihenfolge: Mäuse — 94 Ex. (24,2 %), Goldhamster — 81 Ex. (20,9 %), Ratten — 73 Ex. (18,8 %), Igel — 48 Ex. (12,4 %), Ziesel — 34 Ex. (8,8 %), Hasen — 10 Ex. (2,6 %) und Siebenschläfer — 10 Ex. (2,6 %). Die restlichen 9,7 % verteilen sich auf Maulwürfe, Fledermäuse, Mauswiesel, Hermeline, Kaninchen, Hamster, Eichhorn und Blindmulle, die als Zufallsbeute rangieren.

Bei den Vögeln imponiert die Vielfalt der Arten, von denen ein großer Teil in nur jeweils einem Exemplar erbeutet wurde. Mit je 90 Ex. (19,6 %) stehen Hühner- sowie Sumpf- und Wasservögel (letztere vor allem durch Rallen und Enten vertreten) gemeinsam an erster Stelle. Es folgen mit 71 Ex. (15,5 %) die Tauben und mit 64 Ex. (13,9 %) die Krähenvögel. Eulen sind mit 17 Ex. (3,7 %) und Greifvögel mit 12 Ex. (2,6 %) vertreten. Daß nur insgesamt 10 unmittelbar am Meer erbeutete Vögel (5 Möwen, 3 Seeschwalben und 2 Scharben) nachweisbar waren, weist auf die geringe Bedeutung der eigentlichen Küste für die Ernährung der Uhus hin.

Gegenüber den im Westbalkan kontrollierten Uhus fällt besonders die geringe Zahl der Igel auf, die im Westbalkan 49,5 % der erbeuteten Säuger ausmachten. Auch Hasen (13,4 % im Westbalkan) und Siebenschläfer (10,7 % im Westbalkan) treten erheblich zurück, während Goldhamster an den dortigen gebirgigen Plätzen fehlen und Ratten, Mäuse und auch Ziesel nur eine untergeordnete Rolle spielten.

In bezug auf die Vogelbeute sind die Unterschiede weniger deutlich, lautete doch am Isker die Reihenfolge: Hühnervögel — 29,5 %, Krähenvögel — 12 %, Tauben — 8,5 %, Eulen — 8,1 % und Greifvögel — 7,7 %. Die am Isker nur gering vertretenen Sumpf- und Wasservögel rücken somit zu den Hühnervögeln auf, Tauben und Krähenvögel tauschen die Positionen und Eulen werden zusammen mit den Greifvögeln zur Zufallsbeute.

3.2. Die Ernährungssituation an den einzelnen Horstplätzen

Da das Dominieren der Igel am Isker als Ausdruck einer Notsituation gewertet wurde, kann indirekt gefolgert werden, daß bei den in Nordostbulgarien kontrollierten Brutpaaren eine gesichertere Ernährungsgrundlage vorhanden ist. Das bestätigt im wesentlichen auch ein Vergleich der Beutelisten, in denen aber hinsichtlich der Verteilung der einzelnen Arten lokal beachtliche Unterschiede festzustellen sind. In bezug auf die Kontinuität in der Nahrungsversorgung und auf das Vorliegen mehrerer alternativer Nahrungsquellen von Beginn des Brutgeschäftes an bestehen bei den beiden Paaren am Černi Lom (s. d.) nahezu ideale Verhältnisse. Den mehr im Buschwald und im Flußgebiet jagenden Uhus am Beli Lom (s. d.) fehlen zwar Goldhamster. Trotzdem scheinen sie keine Ernährungsschwierigkeiten zu haben. Dies dürfte auch für den Platz bei Razgrad (s. d.) gelten, obwohl das zeitweilige Erbeuten von Fröschen und die Buntheit der Liste bei gleichzeitigem Fehlen eines stark überwiegenden Beutetieres vorübergehende Nahrungssorgen nicht ausgeschlossen erscheinen läßt. Das zeitweilige Fehlen der Uhus und ihr Aussetzen mit der Brut ist hier in erster Linie auf direkte menschliche Störungen, nicht aber auf mangelndes Nahrungsangebot zurückzuführen.

Im Provadija-Tal müssen die Verhältnisse noch als unklar gelten. Durch das Schlagen der Haushühner am Platz bei Madara wird das Gesamtbild zusätzlich verfälscht.

Der geringe Anteil von Kleinsäugern in den Beutelisten der Uhus im Küstenbereich ist teilweise mit darauf zurückzuführen, daß beim Begehen der Steilküstenoberkante viel eher Rupfungen als Gewölle gefunden werden. Insgesamt weist aber der Vogelanteil unterschiedlichster Arten wie an Horstplatz 3 am Isker auf gewisse Ernährungsschwierigkeiten hin. Interessanterweise schlugen auch die Uhus am Kap Kaliakra ähnlich diesen eine Alpenseglerkolonie zehntenden Uhus viele Mauersegler. Die hier gleichfalls in geringer Zahl ansässigen Alpensegler konnten demgegenüber noch nicht nachgewiesen werden. Wohl vor allem aus Mangel an nachtaktiven Beutetieren jagten diese Uhus teilweise auch am Tage, worüber bereits berichtet wurde (BAUMGART, 1970). An einem Horst bei Kawarna beobachtete S. KÖHLER (Zittau) im Mai 1971 ein Uhupaar, das bereits am Spätnachmittag Ziesel nachzustellen begann und so ein lokales Überangebot an diesen Nagern auf nicht alltägliche Weise zur Jungenaufzucht nutzte.

Eine keineswegs alle Horste im Küstenbereich betreffende Verschlechterung der Ernährungslage ist wohl durch die Ausweitung des Intensivfeldbaues eingetreten. Während früher unter den Bedingungen des individuellen Kleinfeldackerbaues auf Anbauflächen für Uhus wohl immer ein gesichertes Nahrungsangebot vorlag, bieten die weiträumigen Monokulturen wenig für seinen Unterhalt. Hier verbleiben den Uhus für die Jagd teilweise nur die Küstenfelsen mit ihren Tauben-, Dohlen-, Segler- und Scharbenbrutplätzen sowie der sich an die Küste anschließende Ödstreifen. Die vielfach dem Nahrungsangebot nicht mehr angemessen erscheinende Siedlungsdichte ist wohl vor allem so zu erklären, daß einige der alteingesessenen Brutpaare auf die im letzten Jahrzehnt eingetretene Nahrungsverknappung eher mit geringeren Nachwuchsraten als mit einer Aufgabe der Horstplätze reagieren.

Das Vorkommen bei Varna ist im Erlöschen begriffen. Wohl zeigen sich hin und wieder Uhus, und auch gelegentliche Brutversuche sind nicht auszuschließen. Insgesamt erinnern die Verhältnisse an die bei den Horstplätzen 3 und 4 im Iskerdurchbruch, wo 1971 auch keine Uhus mehr verzeichnet werden konnten. Hier wie da ist das Schwinden der Ernährungsgrundlage die Hauptursache für das Erlöschen der Vorkommen. Angezogen durch die günstige Struktur der Gebiete werden immer wieder einzelne, auf Reviersuche befindliche jugendliche Stücke hier verweilen. Ihnen reicht auch noch das Beutetierangebot, für die „Familiengründung“ und eine Brut ist es aber zu kärglich.

3.3. Beutetierauswahl

Insgesamt kann die am Isker gemachte Feststellung, daß die Beutetierliste den Landschaftscharakter und die Situation der Wirbeltierfauna in der Umgebung des Horstplatzes widerspiegelt, auch für das Untersuchungsgebiet bestätigt werden. In welchem Grade eine Art als Uhunahrung Bedeutung erlangt, wurde in erster Linie davon abhängig gemacht, wie häufig sie im Gebiet ist und inwieweit sie dem Uhu auffällt. Darüber hinaus scheinen sich einige nachtaktive Vogelarten seinem Zugriff aktiv entziehen zu können, wofür beispielsweise das geringe Erbeuten von Ziegenmelkern und Waldschnepfen spricht. Im Küstenstreifen trifft dies in besonderem Maße für den Triel zu. Obwohl er längs der Küste im Ödland stellenweise sehr häufig ist und in der Dämmerung rufend auf sich aufmerksam macht, war er dem Uhu als Beute bisher nicht nachweisbar.

Sofern von zwei oder mehr in einem Gebiet scheinbar gleich häufigen Arten geeigneter Größe nur eine vermehrt auf der Speisekarte des Uhus zu finden ist oder gar die Ernährungsgrundlage bildet, wird oft der Begriff der Spezialisierung in die Diskussion gebracht, ohne daß die Problemstellung damit einer Lösung näher kommt. In ihren Untersuchungen über die Ernährung des Timberwolfes in Nordamerika haben PIMLOTT, SHANNON & KOLENOVSKY (1969) die Erfahrung gemacht, daß für den Bevorzugungsgrad einer Art als Wolfsbeute nicht deren Dichte, sondern deren „relative Erreichbarkeit“ („relative availability“) ausschlaggebend ist.

Übertragen auf den Uhu schließt dieser Begriff alle aufgeführten Faktoren ein. Eine von der Größe her geeignete, relativ gut erreichbare Art muß häufig, auffällig und nur in geringem Grade befähigt sein, sich vor dem Zugriff der Eule zu schützen. Trotz Häufigkeit und Auffälligkeit ist beispielsweise eine Art wie der Triel wohl hauptsächlich wegen seines guten nächtlichen Sehvermögens und seiner Wachsamkeit für den Uhu relativ schlecht erreichbar. Das Ziesel ist durch seine Tagesaktivität weitgehend vor dem Uhu geschützt. Viele Seevögel sind tagsüber im gesamten Küstenbezirk vertreten. Nachts sammeln sie sich aber, oft über große Entfernungen heranstreichend, nur an bestimmten Schlafplätzen. Lediglich die in deren Umgebung ansässigen Uhus stellen dann für sie eine Gefahr dar, womit ein weiterer Hinweis für die Vorteile geselligen Übernachtens gegeben ist. Demgegenüber sind neben einigen von MÄRZ (1958) bereits aufgeführten, immer wieder geschlagenen Beutetieren wie Igel, balzende Birk- und Rebhähne, Enten, Eulen usw. vor allem noch Rallen und Segler zu nennen, die, sofern sie im Uhurevier Schlaf- oder Brutplätze haben, mit steter Regelmäßigkeit erbeutet werden.

Vergleicht man die Zahl der nachgewiesenen Igel und Hasen im Westbalkan und in Nordostbulgarien, so fällt auf, daß sie bei wenigstens gleicher, wenn nicht gar höherer Dichte in der Ebene eine wesentlich geringere Bedeutung als Uhubeute haben. Der Grund hierfür dürfte vor allem im häufigeren Auftreten anderer geeigneter Beutetiere liegen, was bei gleicher absoluter Häufigkeit eine sinkende relative Häufigkeit beider Arten zur Folge hat. Hinsichtlich des Hasen ist sogar zu vermuten, daß er auf Grund seiner Größe (ausgenommen hiervon sind Junghasen), nur in Ermanglung etwas kleinerer Beutetiere geschlagen und bei Vorhandensein von leichter zu überwältigenden Ratten, Hamster und Hühner kaum behelligt wird.

Da die „relative Erreichbarkeit" eines Beutetieres für den Uhu in verschiedenen Landschaftsformen unterschiedlich sein kann, sind wechselnde Positionen in der Beuteliste bei detaillierter Untersuchung der Jagdbedingungen meist ohne weiteres erkennbar. Deutungsversuche unter Heranziehung solcher Begriffe wie Spezialisierung, Prägung u. a. sind dagegen abzulehnen. Grundsätzlich ist zu beachten, daß auch der Uhu immer die mit minimalstem Aufwand und geringstem Risiko erreichbaren Beutetierarten bevorzugen wird.

3.4. Faunistische Ergebnisse der Nahrungskontrollen

Die ernährungsbiologischen Untersuchungen an nordostbulgarischen Uhuplätzen erbrachten eine Reihe faunistisch interessanter Daten. Besonderen Wert hat der so erhaltene Hinweis auf das offenbar noch im Küstenbereich bestehende Vorkommen der Zwergtrappe, für die im Landesmaßstab ab 1954 kein Nachweis mehr existierte (BAUMGART & STEPHAN, 1973). Das vordem unbekannte Brutvorkommen der Krähenscharbe an der bulgarischen Nordküste wurde durch die Nachweise der Art als Uhubeute zusätzlich dokumentiert. Die erbeutete Würgfalkenbrut im Lomtal (es handelte sich um das ♀ nebst zweier Jungvögel) regte zu weiterer Nachsuche an. Bei der Sumpfohreule am Horst Cerni Lom 1 ist nicht auszuschließen, daß es sich um einen Brutvogel gehandelt hat, werden doch Jungvögel dieser früher nur als Durchzügler geltenden Eule relativ häufig in Zoos eingeliefert, wobei die Brut keinesfalls immer an sumpfigen Örtlichkeiten erfolgen muß (BOEV, 1962). Das von MAUTSCH & RANK (1973) für die südliche Dobrudscha nachgewiesene Brüten des Rosenstars kann auch für 1972 angenommen werden, erbeuteten die Uhus am Kap Kaliakra doch in jenem Jahr einen Jungvogel der Art.

Neben den so erhaltenen Hinweisen auf die Verbreitung von Goldhamster und Siebenschläfer verdiente der Nachweis eines Kaninchens am Černi Lom unter den Säugerfunden besonderes Interesse, da diese Art auf der Balkanhalbinsel fehlt (BOBACK, 1970). Daraufhin im besagten Gebiet eingeleitete Nachforschungen erbrachten, daß im Dorfe Pepelina Stallkaninchen in einer Freianlage gehalten werden und ihr Erbeuten durch den Uhu, ebenso wie Übergriffe auf das Hausgeflügel, von den Einwohnern bereits beobachtet worden war. Haushühner kehrten abends bisweilen nicht vollzählig in den Stall zurück. Den im Freien übernachtenden Stükken wird dann ihre bereits in der frühesten Morgendämmerung einsetzende Aktivität zum Verhängnis. Die Nacht selbst überstehen sie stets unbehelligt.

Letztlich hat auch das Erbeuten von Kolbenwasserkäfern und Laufkäfern für den Uhu gewissen Seltenheitswert.

4. Bestandsverhältnisse

Zur Beurteilung der Bestandsverhältnisse macht sich eine Gegenüberstellung von Bruterfolgen und Verlusten erforderlich.

4.1. Bruterfolge

Da sich über mehrere Jahre erstreckende Beobachtungen an den meisten Horsten fehlen, kann eine umfassendere Aussage über den Bruterfolg kaum getroffen werden. Für die Regelmäßigkeit des Brütens spricht aber die Tatsache, daß dort, wo ein geeigneter Lebensraum zur Verfügung steht und gründlichere Nachsuchen möglich waren, auch in der Regel ein Horstplatz ermittelt werden konnte. In keinem Falle handelte es sich dabei um weniger als 2, zweimal (möglicherweise auch dreimal) um 3 und einmal sogar um 4 Jungvögel, die ohne spätere menschliche Einwirkung flügge geworden wären. Das Ausfliegen von vier Jungvögeln ist für den Uhu in Freiheit ein bemerkenswerter Bruterfolg und nur ausnahmsweise zu verzeichnen. Damit liegen wesentlich günstigere Verhältnisse als bei den im Teil I behandelten Uhus vom Isker-Durchbruch vor, wo teilweise nur 1 Jungvogel in zwei bis drei Jahren zum Ausfliegen kam. Hierin ist eine Bestätigung für das Vorliegen einer grundsätzlichen Abhängigkeit des Bruterfolges von der Ernährungslage zu sehen, wobei die dem zugrundeliegenden Regelmechanismen bereits im vorangegangenen Teil diskutiert worden sind.

4.2. Störfaktoren und Verluste

Störungen und eingetretene Verluste gehen in erster Linie auf direkte oder indirekte menschliche Einwirkungen zurück. Während der Horstplatz am Goldsand bei Warna (s. d.) ein beeindruckendes Beispiel für die Folgen der Umweltveränderungen auf den Bestand eines Uhuplatzes darstellt, handelt es sich bei dem Horst bei Razgrad (s. d.) um Folgen direkter Störungen. Umweltveränderungen wirken sich über die Schmälerung des Nahrungsangebotes (Ausdehnung des Intensivfeldbaues) auch an einigen Plätzen im Steilküstengebiet negativ aus. Hier sind direkte Störungen des Brutgeschäftes durch Menschen infolge der geschützten Horstplatzlage kaum zu erwarten.

An den übrigen Horsten kommen Störungen während der Brut selten vor, es sei denn, daß zufällig aufgefundene Jungvögel im Wanderstadium von Hirten oder Jägern im Affekt erschlagen werden. Daß am Horst bei Razgrad 1968 die Junguhus „Schatzsuchern" in die Hände fielen und verkauft wurden, dürfte ein Sonderfall sein, obwohl auf Grund häufiger Goldfunde aus historischer Zeit entsprechende höhlenreiche Felsgruppierungen mit gewisser Regelmäßigkeit von Interessenten durchstöbert werden. Gezielt nach Junguhus wird nur in einigen Dörfern im Norden der Silberküste gesucht. Die hier ansässigen Makrelenfischer befestigen an den Angelhaken statt Ködern einige Strahlen aus der Fahne einer Uhufeder, die sich besser als andere Federn hierfür eignen sollen. Gefundene Junguhus werden daher empfindlich gerupft und danach wohl auch getötet. Da sich Schulkinder auf diesem Gebiet besonders hervortun, hängt der Bruterfolg an einigen Plätzen im wesentlichen davon ab, ob die Jungvögel vor den Sommerferien der Schulkinder die Flugfähigkeit erlangen.

Zwischen 1965 und 1973 kamen allein in der Umgebung der Stadt Razgrad 6 Uhus durch Abschuß oder Anfliegen an Drähte ums Leben. Die aus den Vögeln meist mit wenig Geschick angefertigten Präparate befinden sich in Gasthäusern, öffentlichen Dienststellen und in Privatbesitz. Die Zahl der nicht erfaßten Stücke dürfte wesentlich größer sein. Ein mir gezeigter Uhu starb 1968 durch elektrischen Strom, als er eine auf einem Lichtmast sitzende Türkentaube schlug. Mit Brandmalen an beiden Flügeln und der Taube in den Fängen wurde er am Morgen gefunden.

In den anderen besuchten Gegenden wurde nichts über Verluste in Erfahrung gebracht (lediglich im Horst am Goldsand befanden sich 1965 Knochen eines wohl im Vorjahr verendeten Altvogels). Es ist demnach zu folgern, daß die Verluste nicht übermäßig hoch sind und daß die Abgänge durch den Nachwuchs kompensiert werden können. Eine Gefährdung des Gesamtbestandes besteht somit nicht, da in den abgelegenen Tälern und auch an der Küste eine genügend große Anzahl ungestört brütender Paare vorhanden ist. Zugrunde gehen wohl in der Hauptsache auf dem Jugendstrich befindliche Stücke, die es in dichter besiedelte Gebiete verschlägt.

Besonderes Interesse verdienen außerhalb der menschlichen Einflußsphäre liegende bestandsregulierende Faktoren, wobei diesbezüglich den großen Greifen eine besondere Bedeutung zukommt. Entsprechende Beobachtungen sind nur noch an wenigen Stellen möglich, denn, wohl mit bedingt durch den Schutz, welche ihn seine nächtliche Lebensweise gewährt, und durch die gesicherten Ernährungsverhältnisse bestehen Vorkommen des Uhus vielerorts auch dann noch, wenn die der annähernd gleichgroßen Greifvögel erloschen sind. Vielerorts ist der Uhu daher der mit Abstand größte und leistungsfähigste gefiederte Jäger.

Dort, wo Steinadler und Adlerbussarde ansässig sind, hat es den Anschein, als würden sich die Uhus von exponierten Plätzen zurückziehen und mehr deckungsreiche Örtlichkeiten bevorzugen. Ein direktes Erbeuten des Uhus durch den Steinadler belegte SPILLMANN (in GLUTZ, BAUER & BEZZEL, 1971). Dafür, daß derartige Zwischenfälle nicht den Rang besonderer Ausnahmen haben, und dort, wo beide Arten nebeneinander ansässig sind, durchaus vorkommen können, spricht das relativ regelmäßige Auftreten des Virginia-Uhus auf der Beuteliste amerikanischer Steinadler (BENT, 1937). Auch wenn der europäische Uhu größer als sein überseeischer Verwandter ist, dürfte ihm der Steinadler an Stärke doch noch erheblich überlegen sein. Die Nachbarschaft großer Falken (Wanderfalke, Würgfalke) zwingt den Uhu in zerklüfteten und deckungsreichen Wänden offenbar nicht zu solchen Reaktionen. Es zeichnet sich, da die luftraumbeherrschenden Großfalken in der Regel über andere große Greife dominieren, folgendes Dreiecksverhältnis ab:

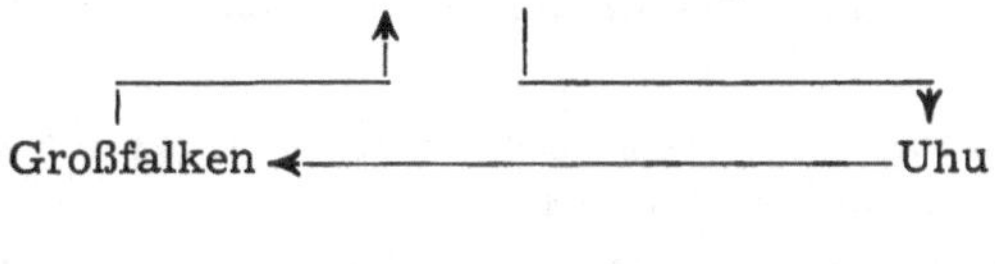

Den im Bestand bedrohten Wanderfalken gereicht somit die Nachbarschaft anderer großer Greifvögel zum Vorteil, während offenbar andererseits der Uhu für ihn zum bestandsbeeinflussenden Faktor werden kann.

Zusammenfassung

Als Ergänzung zu den Studien am Uhu im Iskerdurchbruch (Westbalkan) wurden mehrere Horstplätze der Art in Flußtälern und an der Küste Nordostbulgariens kontrolliert. Besonderes Augenmerk galt den Ernährungsverhältnissen.

Aufgrund vorliegender Beutelisten (388 Säuger in 18 Arten, 459 Vögel in 71 Arten, 15 Frösche und 36 Insekten) kann gefolgert werden, daß in den Untersuchungsgebieten ein teilweise reichhaltiges und kontinuierlich gesichertes Nahrungsangebot vorhanden ist. Unter den Säugern dominieren der Reihe nach Mäuse, Goldhamster und Ratten vor den im Westbalkan die erste Position einnehmenden Igeln. Es folgen Ziesel, Hasen und Siebenschläfer. Neben Hühnervögeln sind vor allem Sumpf- und Wasservögel (Rallen und Enten) vor Tauben und Krähenvögeln von Bedeutung. Die Rolle eines Beutetieres für die Ernährung des Uhus wird durch dessen „relative Erreichbarkeit" bestimmt.

Die Bestandsverhältnisse und der Bruterfolg hängen in erster Linie von der Ernährungslage ab. Unter diesbezüglich günstigen Verhältnissen können 3—4 Jungvögel aufgezogen werden. Negative Auswirkungen auf den Uhubestand verursachen vor allem direkte und indirekte menschliche Störungen sowie durch Landschaftsveränderungen eingeleitete Schmälerungen des Nahrungsangebotes. Unter ursprünglichen Bedingungen scheinen auch der Steinadler und andere große Greifvögel als Störfaktoren Einfluß zu haben.

Die Bedeutung der Nahrungskontrollen am Uhu für faunistische Studien wird durch einige Beispiele (Nachweise von Zwergtrappe, Krähenscharbe, Rosenstar u. a. als Uhubeute) dokumentiert.

Резюме

НА МЕСТА ГНЕЗДОВАНИЯ ФИЛИНА (BUBO BUBO)
В БОЛГАРИИ
II. ФИЛИН В СЕВЕРО-ВОСТОЧНОМ БОЛГАРИИ

Как дополнение к изучению филина в устьи реки Искер (Западные Балканы) было обследовано большое количество мест гнездования этого вида в долинах рек и поберешья северо восточного Болгарии. Особое внимание уделилось питанию птиц.

На основе списков добычи (388 млекопитающих 18 видов, 459 птиц 71 вида, 15 лягушек и 36 назекомых) можно заключить, что в обследованных областях имеется гарантированное и большое количество корма.

Среди млекопитающих по очереди доминируют мыши, золотистые хомячки и крысы, в то время как на Западе Балкана первое место занимают ежи, за ними следуют суслики, зайцы и сони.

Помимо куриных и прежде всего болотных и водоплавающих птиц (пастушковые и утки) большое значение имеют голуби и вороновые.

Роль животного в питании филина определяется его относительно лёгкой доступностью.

Плотность населения и успех гнездования филина в первую очередь зависит от количества корма. При хороших условиях пара филинов в год выводит от 3 до 4 птенцов. Определенное влияние на количество особей филина оказывает непрсредственное и косвенное вмешательство человека, а также изменения ландшафта, которое ведут к снижению количества корма. В неизмененных ландшафтах причинами снижения плотности населения филина могут быть беркут и другие крупные хищные птицы. Приводится несколько примеров значения контроля питания филина для фаунистики.

Literatur

BAUMGART, W., 1970: Über die Vögel im Küstengebiet der südlichen Dobrudscha (Silberküste). — Falke, **17**, 220—231.

BAUMGART, W., 1971: Beitrag zur Kenntnis der Greifvögel Bulgariens. — Beitr. Vogelkd., **17**, 33—70.

BAUMGART, W., 1971: Tod von Junguhus infolge Nahrungsmangels? — Falke, **18**, 220—224.

BAUMGART, W., 1973: Verheilter Oberarmbruch bei freilebendem Uhu. — Falke, **20**, 15—17.

BAUMGART, W. & B. STEPHAN, 1972: Zwergtrappe, *Otis tetrax*, als Uhu-Beute in Bulgarien. — Beitr. Vogelkd., **18**, 357—363.

BAUMGART, W., S. D. SIMEONOV, M. ZIMMERMANN, H. BÜNSCHE, P. BAUMGART & G. KÜHNAST, 1973: An Horsten des Uhus *(Bubo bubo)* in Bulgarien. I. Der Uhu im Iskerdurchbruch (Westbalkan). — Zool. Abh. Mus. Tierk. Dresden, **32**, Nr. 14, 203—247.

BENT, A. C., 1937: Life Histories of North-American Birds of Prey. — Bull. U. S. Nation. Mus., **170**, 293—315.

BOBACK, A. W., 1970: Das Wildkaninchen. Die Neue Brehm-Bücherei, Nr. 415. Wittenberg Lutherstadt.

BOEV, N., 1962: Données sur l'etendue de l'aire d'habitat estivale de certaines espèces d oiseaux en Bulgarie (Bulg.). — Bull. Inst. Zool. Mus. Sofia, **11**, 31—46.

GLUTZ v. BLOTZHEIM, U. N., K. M. BAUER & E. BEZZEL, 1971: Handbuch der Vögel Mitteleuropas. Bd. 4. *Falconiformes*. Frankfurt a. M.

MÄRZ, R., 1958: Der Uhu. Die Neue Brehm-Bücherei, Nr. 108. Wittenberg Lutherstadt.

MAUTSCH, H. & H. RANK, 1973: Rosenstare in der Süddobrudscha. — Falke, **20**, 268—272.

PIMLOTT, D. M., J. A. SHANNON & G. B. KOLENOVSKY, 1969: The Ecology of the Timber Wolf. Ontario Dept. of Land and Forest.

REISER, O., 1894: Materialien zu einer Ornis Balcanica, 2. Bulgarien. Wien.

Anschrift des Autors:

Dr. W. Baumgart, DDR — 110 Berlin, Stiftsweg 27.

D 2/1/75

ZOOLOGISCHE ABHANDLUNGEN
STAATLICHES MUSEUM FÜR TIERKUNDE IN DRESDEN

Bd. 33 Ausgegeben: 1. Dezember 1975 Nr. 19

Evolutive Radiation in der Gattung Fringilla L. Eine vergleichend-morphologische Untersuchung*

(Aves, Fringillidae)

mit 10 Abbildungen

SIEGFRIED ECK
Dresden

1. Fragestellung

Vergleichende Untersuchungen der Größen- und Formverhältnisse am Körper des Vogels und seinem Gefieder, sofern sie zur Kenntnis der intraspezifischen Wandlungsmöglichkeiten und -grenzen beitragen sollen, sind noch in hohem Maße ein Desiderat. Zum Zwecke einer besseren Unterscheidbarkeit taxonomisch komplizierter Formen werden solche Vergleiche bisweilen angestellt. Sie führen aber auf Grund der isolierten wie sporadischen Betrachtungsweise weder zu einem tieferen Verständnis der Formunterschiede noch zu einem Fundus von Gestaltanalysen, der dem phylogenetisch denkenden Taxonomen von Nutzen wäre.

Der Ornithologe vermag in den weitaus meisten Fällen Proportionsstudien lediglich an Bälgen zu betreiben, weil komplette Körper bzw. Skelette nur in relativ geringer Anzahl verfügbar sind. Ihm daraus einen Vorwurf zu machen, wäre so wenig gerechtfertigt wie es die Zweifel sind, mit denen man heute vergleichend-morphologischen Untersuchungen (die ohnehin niemals eine rein morphologische Basis haben!) und ihrem Aussagewert für die Taxonomie begegnet. So werden Vorbehalte geltend gemacht, weil irrtümlich Männchen und Weibchen, verschiedene Altersstadien, individuelle und andere Unterschiede zur Aufstellung getrennter Spezies verleiteten. Dem ist mit LORENZ (1954, cf. 1967, p. 206) entgegenzuhalten, daß jenen taxonomischen Einschätzungsvorgängen die vorauszugehende Relationserfassung ermangelte. Diese stützt sich im wesentlichen auf außermorphologische Kriterien und schafft erst die Voraussetzung dafür, daß die vergleichend-morphologische Betrachtung sinnvoll wird[1]. Es muß ja sichergestellt sein, daß den morphologischen (wie allen anderen) Vergleichen wirklich Vergleichbares zugrunde liegt. Unter Berücksichtigung dessen kann der Vergleich morphologischer Strukturen zu entscheidenden Aussagen über die Verwandtschaftsverhältnisse zwischen

* Erweiterte Fassung eines Vortrages, gehalten auf der Arbeitstagung der Sektion Spezielle Zoologie der Biologischen Gesellschaft der DDR am 13. 12. 1974 in Dresden.

[1] Ein Beispiel: Für die Einschätzung der verwandtschaftlichen Beziehungen zwischen Buch- und Bergfink spielt auch der Sexualdimorphismus eine Rolle. Daß die Geschlechter äußerlich bei ersterem stärker differenziert sind als bei letzterem, wissen wir, weil uns der Sektionsbefund und die Beobachtung am Brutplatz zu dieser Kenntnis verholfen haben. Für die taxonomische Bewertung ist zwar weder der Sektionsbefund an sich (sowie die Tatsache, daß es Männchen und Weibchen gibt) noch eine Beobachtung am Brutplatz entscheidend — doch bildet beides im Rahmen der Relationserfassung die Voraussetzung dafür.

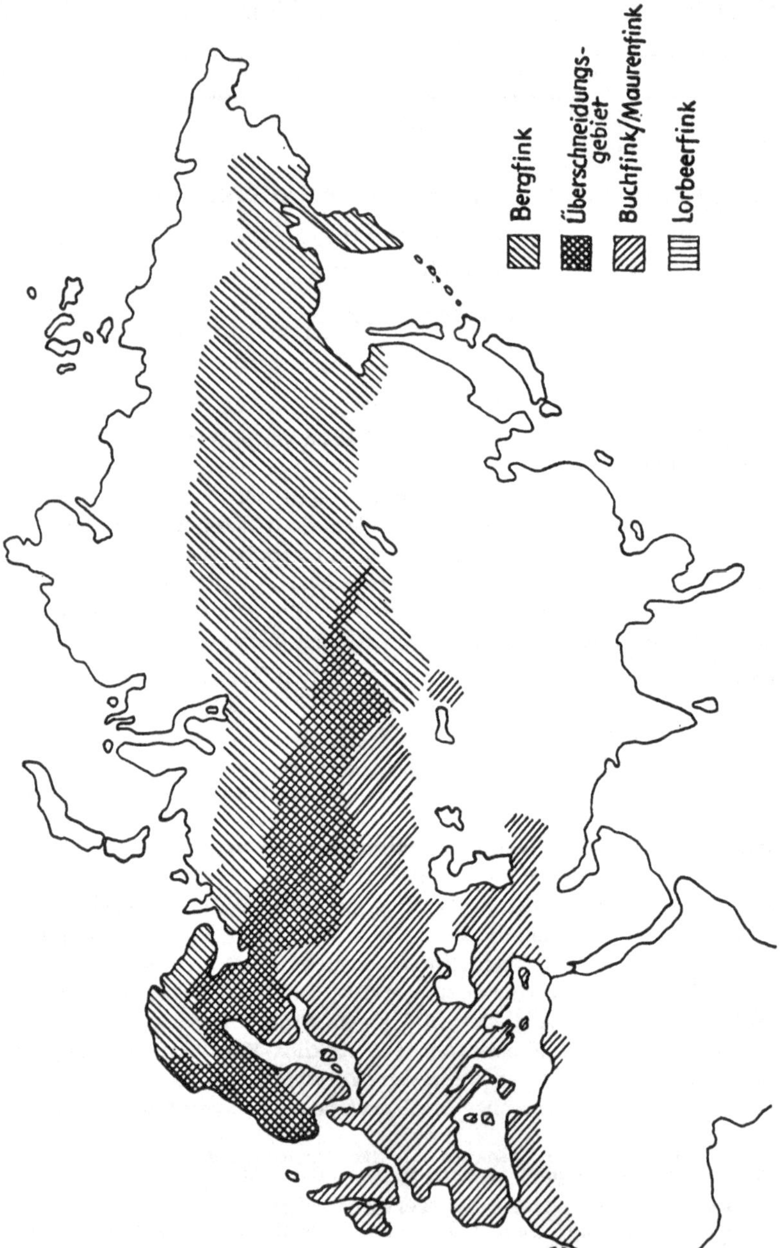

Abb. 1. Schematisierte Verbreitung der Berg-, Buch-, Mauren- und Lorbeerfinken. Orig. E. MEISSNER

allopatrischen oder sich überlappenden (und in dieser Zone reproduktiv isolierten) Formen führen. Diese Strukturen haben sicher mehr Gewicht als man es einem „Nebenprodukt der genetischen Diskontinuität" (MAYR 1967, p. 36) zubilligen möchte.

Das Resultat des Vergleichs von Buchfinken *(Fringilla coelebs)* mit Bergfinken *(F. montifringilla)* — und Teydefinken *(F. teydea)* — wird hier mitgeteilt, weil es dazu anregen könnte, manchen anderen als erledigt abgetanen Fall erneut zu überprüfen und kritisch zu überdenken. Den Anlaß, die Flügel- und Flügel-Schwanz-Proportionen (sowie weitere Einzelheiten) der Spezies der Gattung *Fringilla* näher zu untersuchen, gaben die Verhältnisse bei den ihrem taxonomischen Rang nach umstrittenen Sperlingen *Passer domesticus domesticus* und *P. d. hispaniolensis*. Deren Proportionen gleichen einander so weitgehend, daß sich die Frage von selbst stellte, ob eine derartig starke Übereinstimmung auch bei zweifelsfrei verschiedenen kongenerischen Spezies vorkommen kann. Da es offensichtlich noch keinem Ornithologen je eingefallen ist, an der Artverschiedenheit von Buch- und Bergfink zu zweifeln, erschienen diese Finken als geeignete Testspezies.

Das Ergebnis, dies sei vorweggenommen, entsprach den Erwartungen nicht. Vielmehr zeigten sich Diskrepanzen, die die Aufmerksamkeit auf eine evolutive Radiation lenkten, die meines Wissens bislang noch unbeachtet blieb. „Evolutive Radiation" ist eine neutrale Bezeichnung, die den Antwortsuchenden nicht von vornherein, wie die „adaptive Radiation", in eine bestimmte Richtung drängt.

2. Übersicht über die Gattung Fringilla L.

Die verwandtschaftlichen Beziehungen bzw. das phylogenetische Verhältnis der Gattung *Fringilla* zu den anderen Finkenvögeln sind im Rahmen dieser Untersuchungen ohne Belang. In neuerer Zeit haben sich TORDOFF (1954), MAYR[2], ANDREW und HINDE (1956) sowie ACKERMANN (1967) und andere intensiv mit dieser Frage beschäftigt.

Die Gattung *Fringilla* ist hinsichtlich ihrer Umgrenzung und Aufgliederung durch die Taxonomen bemerkenswert stabil geblieben. Nachdem HARTERT (1902, p. 105) sämtliche makaronesischen oder, wie wir sie hier nennen wollen, atlantischen Formen unter dem Namen *Fringilla canariensis* zusammengefaßt hatte, gelangte er kurz darauf (1904) zu einer Spezies-Gruppierung, die sich bis zu VAURIE (1956, 1959) und, diesem folgend, MAYR (1968) erhalten hat: *Fringilla coelebs, F. teydea, F. montifringilla.* Die formalen Einteilungsversuche, denen die *coelebs*-Formen durch GENGLER (1917) und SUDILOWSKAJA (1972) unterzogen wurden, weisen auf eine geographische Gruppenbildung beim Buchfinken hin, die zwar nie gänzlich übersehen, aber auch nicht gebührend beachtet wurde.

[2] MAYR (J. Orn., 97, p. 262) schreibt: „Immerhin unterscheidet sich *Fringilla* genügend von den Carduelinen durch das Fehlen eines Kropfes..." Mir war aufgefallen, daß schon POLATZEK (Orn. Jb., 20, p. 4) über *F. teydea* mitteilte, daß er „nebst der bereits angeführten Nahrung zerkleinerte Spitzen junger Piniennadeln im Kropfe" gefunden hatte. GRANVIK (J. Orn., 64, p. 377) stellte Gewichte von Kropfinhalten der *F. montifringilla* zusammen, und NIETHAMMER (Z. wiss. Zool., 144, p. 23) beschreibt den langen, spindelförmigen und schwer erkennbaren Kropf der *F. coelebs,* der im wesentlichen dem des Grünlings, *Carduelis chloris,* gleicht (vgl. auch C. J. O. HARRISON, Bull. Brit. Orn. Cl., 90, pp. 15—16).

3. Material und Meßmethode

Der Untersuchung diente Material des Staatlichen Museums für Tierkunde Dresden sowie des Naturkunde-Museums Berlin und des Zoologischen Forschungsinstituts und Museums A. Koenig in Bonn. Hinzu kamen Einzelstücke des Forschungsheims in Wittenberg und des Museums Heineanum, Halberstadt. Für die Bereitstellung des Balgmaterials danke ich nochmals an dieser Stelle den Herren K. HANDTKE (Halberstadt), H. KLEINSCHMIDT (Wittenberg), Dr. G. MAUERSBERGER (Berlin) und Dr. H. E. WOLTERS (Bonn). Insgesamt handelte es sich um ungefähr 350 Bälge, von denen fast sämtliche zu brauchbaren Messungen geeignet waren. Im folgenden seien die Herkunftsgebiete des Untersuchungsmaterials genannt.

Fringilla montifringilla ssp. (die Subspezies *montifringilla* und *subcuneolata* differieren in den Maßen nicht): 20 ♀♀ – Japan, Mandschurei, Südchina, Turkestan, Raum Moskau, Lappland, Sachsen, Dobrudscha, Spanien; 50 ♂♂ – Japan, Südchina, Smolensk, Lappland, Schweden, Helgoland, Frankfurt/O., Sachsen.

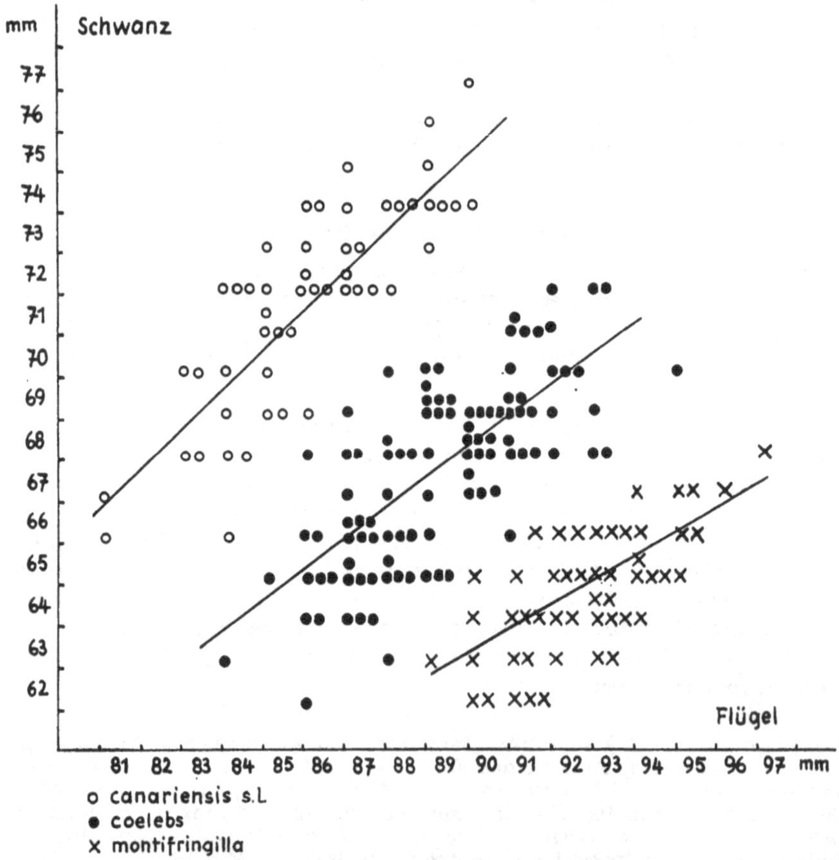

Abb. 2. Verhältnis der Schwanz- zur Flügellänge bei männlichen Bergfinken (x), Buchfinken (●) und Lorbeerfinken (O). Eingezeichnet sind die Beziehungsgeraden. Orig. E. MEISSNER

Fringilla coelebs ssp.: 30 ♀♀ – Dresden, Südwestsachsen, Braunschweig, bei Elsterwerda, Leipzig, Frankfurt/O., Stralsund, Westpolen, Baltikum, Raum Moskau; 110 ♂♂ – 50 am 4. 4. 1964 einer Vergiftungsaktion bei Frankfurt/O. zum Opfer gefallene Exemplare, 50 Ex. aus dem Raum Dresden, 10 ♂♂ aus Bogorodsk, Smolensk und Nordpolen. 34 größenmäßig nicht differierende schwedische Buchfinken wurden nicht herangezogen. Sie dienten einer anderen Untersuchung.

F. c. alexandrovi ZAR. & BILKEW.: 4 ♂♂ – Elburs.

F. c. schiebeli STRES.: 7 ♀♀, 14 ♂♂ – Kreta.

F. c. sarda RAPINE: 4 ♂♂ – Sardinien.

F. c., spodiogenys-Gruppe: 21 ♂♂ – Marokko (wohl sämtlich aus Tanger), Tunesien (Tunis, Monastir, Hamam el Lif).

F. c. moreletti PUCH.: 9 ♂♂ – Azoren (Furnas).

F. c. maderensis SHARPE: 11 ♂♂ – Madeira (Camacha, Ribeira Brava, Funchal).

F. c. canariensis VIEILL. (= *tintillon* WEBB, BERTH. & MOQU.-TAND.): 1 ♀ – Gran Canaria; 13 ♂♂ – Teneriffa, Gran Canaria, Gomera.

F. c. ombriosa HART.: 7 ♂♂ – Hierro.

F. c. palmae TRISTR.: 11 ♂♂ – Palma (Hoya Grande, El Paso).

Fringilla teydea teydea WEBB, BERTH. & MOQU.-TAND.: 7 ♀♀ und 7 ♂♂ – Teneriffa.

F. t. polatzeki HART.: 9 ♀♀ und 9 ♂♂ – Gran Canaria.

2 männliche Teydefinken, angeblich von Teneriffa stammend, haben so kleine Maße, daß irrtümliche Etikettierung nicht ausgeschlossen ist.

Vermessen wurde der Flügel (nach Methode KLEINSCHMIDT), die Flügelspitze (Abstand von der Spitze der äußersten Armschwinge bis zur Spitze des Handflügels) und der Schwanz (vom Austritt des mittleren Federpaares aus der Haut bis zur Schwanzspitze). Was hier als Armflügel bezeichnet wird, ergibt sich aus der Subtraktion der Flügelspitzenlänge von der Flügellänge. Errechnet wurde der Handflügelindex (H. I.) = Anteil der Länge der Flügelspitze an der Flügellänge in Prozent und der Schwanzflügelindex (S. F. I.) = Verhältnis der Schwanzlänge zur Flügellänge in Prozent, HS = Handschwinge. Die Zählung der Handschwingen erfolgte von innen nach außen.

4. Analyse

Die Gegenüberstellung begann mit männlichen Berg- und männlichen Buchfinken. Da die Bergfinken-Subtilformen *montifringilla* und *subcuneolata* größenmäßig nicht differieren, dürfte die Vereinigung der Maße beider legitim sein. Sie wurden mit den Meßergebnissen von 50 bei Frankfurt/O. am 4. 4. 1964 (siehe 3.) gesammelten männlichen Buchfinken verglichen, unter späterer Hinzuziehung weiterer 50 Exemplare aus Dresden und Umgebung. Ein Test des Flügellängen-Mittelwertes untersuchter Serien sieht folgendermaßen aus:

♂♂ aus	Frankfurt/O.,	n = 379	88,1 mm	(HAENSEL 1967)
	Frankfurt/O.,	n = 50	89,4 mm	(eigene Messungen)
	Dresden u. Umg.,	n = 50	88,2 mm	(eigene Messungen)
	mitteldeut. Raum,	n = 63	89,3 mm	(BÄHRMANN, briefl. Mitt.)

Die Serie aus Dresden verteilt sich mit Ausnahme der Monate Februar und August über alle Monate und über folgende Ortschaften: Tharandt, Hainsberg, Freital,

Dölzschen, Grumbach, Kötzschenbroda, Serkowitz, Dresden-Stadt, Wahnsdorf, Moritzburg und Königsbrück. Es erscheint sehr fraglich, daß sich in dem angeführten Material größendifferenzierte Subspezies verbergen könnten.

Der Unterschied in der Schwingenformel, im H. I. sowie im S. F. I. zwischen Berg- und Buchfink, und zwar sowohl zwischen deren Männchen als auch zwischen deren Weibchen, ist markant und scharf. Der augenfälligste Unterschied in den Schwingenverhältnissen besteht darin, daß beim Bergfinken die HS 7 > 9, beim Buchfinken die HS 6 > 9 ist. Einzelne Buchfinken mit spitzerem Flügel (HS 7 > 9) ändern daran nichts. Es gibt ja wiederum auch einzelne Bergfinken, deren HS 9 > 7 ist. Es sollte zur Regel werden, die Flügel- und Schwanzverhältnisse als gestaltliche Einheit zu betrachten und sie dementsprechend bei der Auswertung zu behandeln. Flügel- und Schwanzlängen variieren innerhalb einer Population konform, was sich anhand zahlreicher Untersuchungen herausstellte. Mit dem Kürzer- und Stumpferwerden des Flügels vom Berg- zum Buchfink gehen Schwanzlängenverschiebungen einher. Der Buchfink mit dem kürzeren und stumpferen Flügel hat den längeren Schwanz (Abb. 2).

Tabelle 1

	männliche Bergfinken		männliche Buchfinken	
	n = 50		n = 100	
Flügel	89 –97	M 92,7	84 –95	M 89,1
Flügelspitze	28 –33	M 31,0	22 –29	M 24,7
Schwanz	62 –68	M 64,6	62 –72	M 68,5
H. I.	30,3–34,8	M 33,1	25,3–31,5	M 28,0
S. F. I.	67,7–73,9	M 69,8	71,6–79,5	M 75,8

In Abb. 2 sind die Beziehungsgeraden für die Flügel/Schwanz-Wertepaare mit eingetragen (durch eine elektronische Rechenanlage ermittelt). Zunächst lagen sie nur für Buch- und Bergfink vor. Im Anstiegswinkel zeigten sich deutliche Unterschiede. Dieser beträgt für die 50 Bergfinkenmännchen 30°, für die 100 Buchfinkenmännchen 36°. In diesem Stadium der Untersuchung wurde die Einbeziehung der Mauren- und Lorbeerfinken (*spodiogenys*-Gruppe Nordwestafrikas und *canariensis*-Gruppe der Kanaren, Madeiras und der Azoren) unumgänglich, wenn ein Verständnis der Divergenz zwischen Berg- und Buchfink erreicht werden sollte. Zunächst beanspruchen die Lorbeerfinken der atlantischen Inseln das größere Interesse. Man tut der Sache keinen Zwang an, wenn man diese Inselformen als geschlossene Gruppe den nordwestafrikanischen Maurenfinken gegenüberstellt. Das ist nicht allein vom Färbungsmodus, sondern auch von den Proportionsverhältnissen her gerechtfertigt.

Bei allen fünf *canariensis*-Subspezies ist die HS 5 > 9[3]. Man rufe sich dazu in Er-

[3] Im Museum Koenig, Bonn, befinden sich zwei im März und April 1907 in Furnas auf der Azoreninsel San Miguel gesammelte Männchen (Sammelnummern 2 und 33), die sich meines Erachtens im 1. Jahreskleid befinden. Der März-Vogel hat die schlankeren Steuerfedern, beide haben einen spitzeren Flügel (HS 9 > 5), schmutziggraue Flanken und grünlich-braunen Rücken (zwei ähnlich gefärbte Stücke lagen auch von Hierro vor, deren Flügel aber nicht spitzer war). Der April-Vogel hat einen relativ kurzen Schwanz (S. F. I. 78,6 Prozent). Proportions- oder wenigstens Flügelbau-Unterschiede vermochte ich bei ein- und mehrjährigen mitteleuropäischen Buchfinken nicht festzustellen.

innerung: bei den Buchfinken ist die HS 6 > 9, bei den Bergfinken ist die HS 7 > 9. Die Indexwerte für die einzelnen Subspezies sowie für alle zusammen gibt die folgende Tabelle wieder.

Tabelle 2

♂♂	Flügel	Flügel-spitze	Schwanz	H. I.	S. F. I.
canariensis	83—89	16—20	68—74	18,8—22,5	81,0—85,7
	M 85,1	M 17,6	M 70,5	M 20,7	M 82,8
palmae	84—90	18—21	68—77	20,2—23,6	81,0—85,6
	M 87,2	M 19,0	M 73,6	M 21,6	M 83,5
ombriosa	85—89	18—20	69—75	20,5—22,5	81,2—86,2
	M 86,9	M 18,7	M 72,9	M 21,6	M 83,9
maderensis	81—87	17—19	67—74	19,8—22,6	82,7—86,8
	M 84,6	M 17,9	M 71,6	M 21,2	M 84,8
moreletti (7 ad.)	83—88	17—20	69—72	20,5—23,3	80,2—84,3
	M 86,0	M 18,6	M 71,0	M 21,6	M 82,6
(2 junge ♂♂)	81/84	16/18	66/66	19,8/21,4	81,5/78,6[3]
Insgesamt	81—90	16—21	66—77	18,8—23,6	80,2—86,8 (1mal 78,6)
	M 85,9	M 18,2	M 71,7	M 21,2	M 83,4

Diese äußerlich so deutlich verschiedenen Inselformen sind ein Beispiel dafür, wie sich Proportionen in einer Rassengruppe trotz vorhandener Größenunterschiede in ihrer wesentlichen Ausprägung erhalten können. Dieser Umstand bestimmte mich zu einer etwas gewaltsamen Vereinigung sämtlicher Maße (n = 51) als Grundlage der Errechnung der Beziehungsgeraden für die Lorbeerfinken. Ich bin überzeugt, daß diese Manipulation nicht in die Irre führt, selbst wenn man mit einiger Sicherheit annehmen kann, daß bei bedeutend mehr Material pro Subspezies die Einzelresultate in der Errechnung der Beziehungsgeraden untereinander differieren werden; vgl. hierzu auch Abb. 8.

Abb. 2 gibt einen Überblick über die Verschiebungen im Flügel-Schwanz-Verhältnis zwischen Berg-, Buch- und Lorbeerfinken. Die mit eingetragenen Beziehungsgeraden bringen mit ihren divergierenden Anstiegswinkeln nicht nur Unterschiede, sondern auch eine innere Bezogenheit zum Ausdruck, indem die Tendenz der Abänderung kontinuierlich ist.

Anstiegswinkel und Gleichung der drei Beziehungsgeraden:

Bergfink *(montifringilla)*	30°	$y = 0{,}5865\ x + 10{,}3472$
Buchfink *(coelebs)*	36°	$y = 0{,}7437\ x + 1{,}2290$
Lorbeerfink *(canariensis)*	44°	$y = 0{,}9611\ x - 10{,}8963$

Die Abbildungen 3 und 4 zeigen im Detail, wie der Flügelbau mit dem Flügel-Schwanz-Verhältnis kombiniert ist. Mit der Zunahme der relativen Schwanzlänge in der Richtung Bergfink — Buchfink — Lorbeerfink nimmt die relative Flügelspitzenlänge ab (Hand in Hand mit einer Abrundung der Flügelform). Dies wiederum erfolgt als Kompensation zwischen Hand- und Armflügel (Abb. 4). Der Handflügel verkürzt sich in dem Maße, in dem der Armflügel an „Länge" zunimmt! Besonders

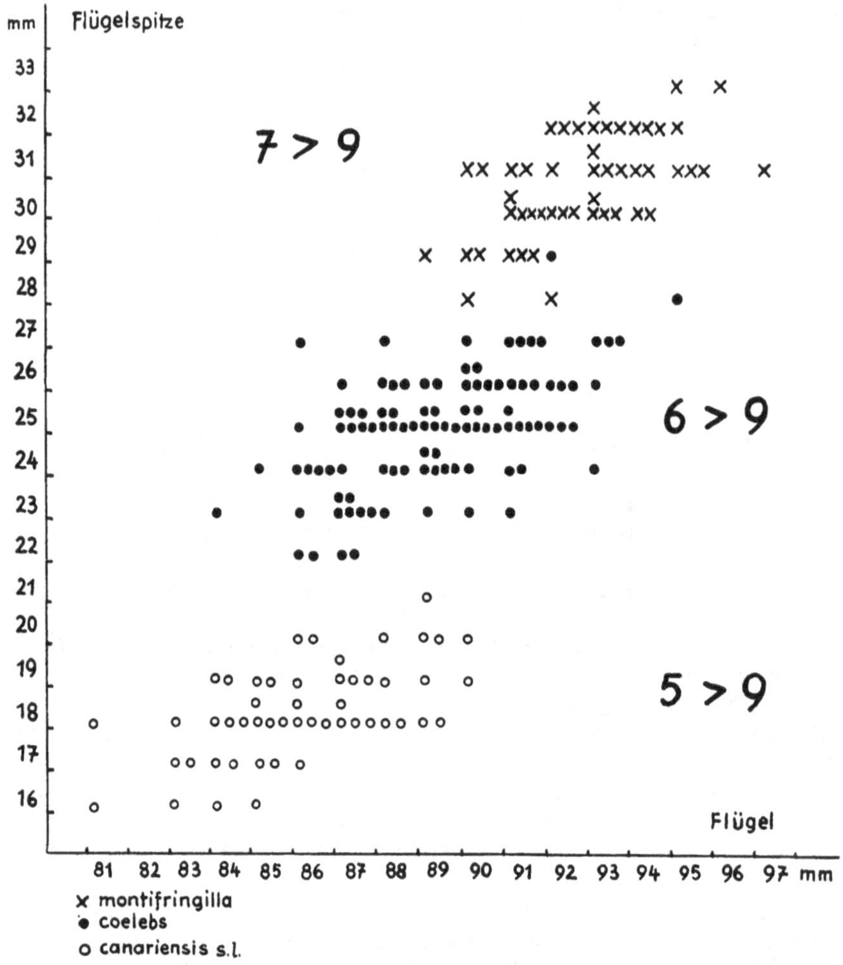

Abb. 3. Verhältnis der Flügelspitze zur Flügellänge bei männlichen Bergfinken (x), Buchfinken (●) und Lorbeerfinken (O). Eingetragen ist auch das Verhältnis jeweils zweier Handschwingen zueinander. Orig. E. MEISSNER

augenfällig wird dies alles dadurch, daß diese drei Finkengruppen in der (hier nicht präzise anzugebenden) Körpergröße weitgehend übereinstimmen. So sind die relativ langen Flügel oder langen Schwänze auch in den absoluten Maßen jeweils größer.

Die Stellung der Maurenfinken in dieser Verwandtschaftsgruppe scheint fürs erste problematisch zu sein. Ich habe sie in den Abb. 5—7 unter Außerachtlassung der Bergfinken den Buch- und Lorbeerfinken gegenübergestellt. Man gewinnt nach Abb. 5 den Eindruck, daß die Maurenfinken eine intermediäre Stellung einnehmen, trotzdem die größere Anzahl der untersuchten Individuen in den Bereich der Buchfinken fällt.

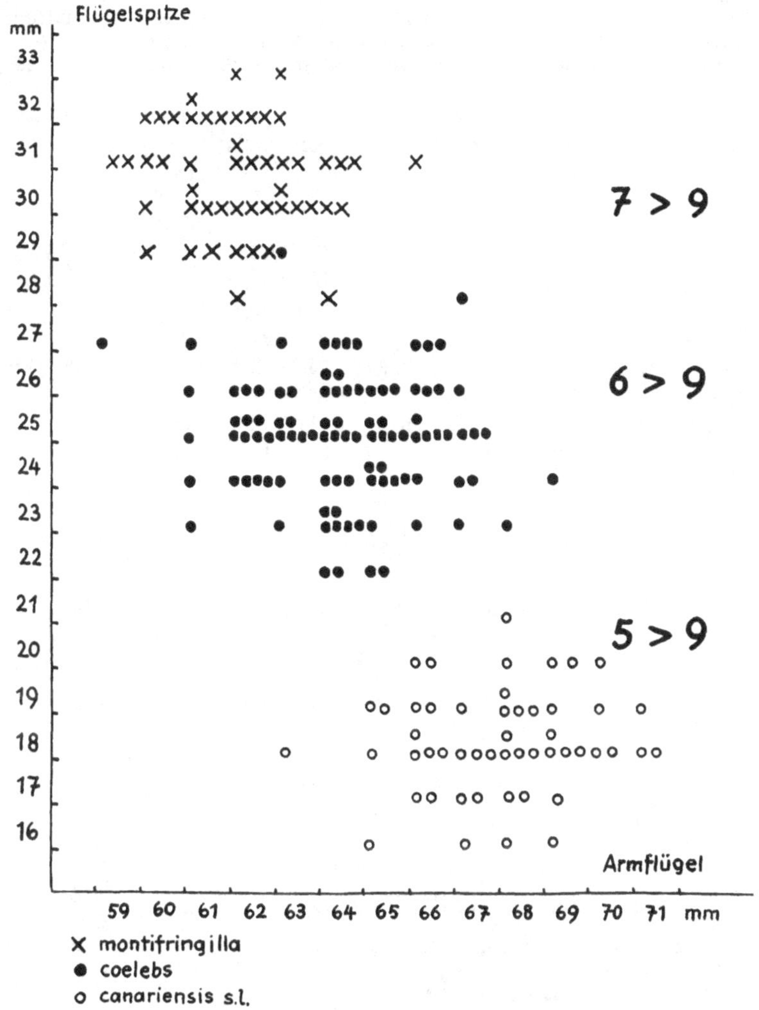

Abb. 4. Verhältnis der Flügelspitze zur „Armflügellänge" bei männlichen Bergfinken (x), Buchfinken (●) und Lorbeerfinken (O). Gegenprobe zu Abb. 3. Orig. E. MEISSNER

Tabelle 3

♂♂	Flügel	Flügel-spitze	Schwanz	H. I.	S. F. I.	HS
Marokko	83—90	20—24	67—70	23,8—28,2	76,7—81,0	6>9
			1mal ca. 62		1mal 72,9	
n = 7	M 86,3	M 22,1	M 68,5	M 25,7	M 79,3	
Tunesien	86—93	22—26	67—75	25,6—28,3	75,8—82,6	6>9
n = 13 + 1	M 90,1	M 24,1	M 70,7	M 26,7	M 78,5	
Indizes beider Serien:				23,8—28,3	75,8—82,6	
				M 26,4	M 78,7	

Anmerkung: In der Mittelwertsberechnung der Schwanzlänge und des S. F. I. der marokkanischen Serie ist das Ex. mit den extrem niedrigen Werten nicht inbegriffen. In der tunesischen Serie lagen nur für die Schwanzlänge 14, im übrigen stets 13 Werte vor. In die tunesische Serie wurde ein Ex. mit der Angabe „Algier“ (Museum Dresden, Nr. 490) eingereiht.

Der besseren Übersicht wegen bringt die folgende Tabelle 4 eine Zusammenstellung der Indizes der Berg-, Buch-, Mauren- und Lorbeerfinken nebst Hinweisen auf das jeweilige Schwingenverhältnis:

Tabelle 4

Bergfink	H. I.	30,3—34,8	S. F. I.	67,7—73,9	HS 7>9
		M 33,1		M 69,8	
Buchfink	H. I.	25,3—31,5	S. F. I.	71,6—79,5	HS 6>9
		M 28,0		M 75,8	
Maurenfink	H. I.	23,8—28,3	S. F. I.	75,8—82,6	HS 6>9
		M 26,4		M 78,7	
Lorbeerfink	H. I.	18,8—23,6	S. F. I.	(78,6) 80,2—86,8	
		M 21,2		M 83,4	HS 5>9

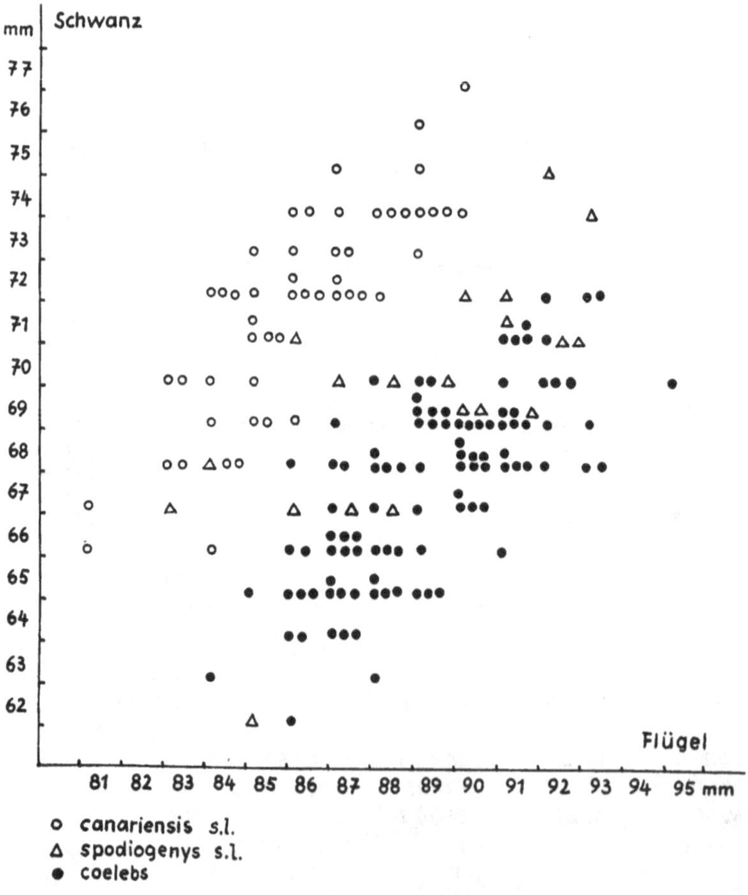

Abb. 5. Verhältnis der Schwanz- zur Flügellänge bei männlichen Buchfinken (●), Maurenfinken (△) und Lorbeerfinken (O). Orig. E. MEISSNER

Unter Berücksichtigung der in den Abb. 6 und 7 dargestellten Verhältnisse gelangt man zu der Einsicht, daß es allein die relative Schwanzlänge ist, die den Maurenfink eine scheinbar intermediäre Stellung einnehmen läßt. Der Flügelbau (Verhältnis des Handflügels zum Armflügel und der Flügelspitze zur Flügellänge sowie Schwingenverhältnis) stellt den Maurenfink in die unmittelbare Nachbarschaft des Buchfinken. Die auf Abb. 6 wie 7 herausfallenden beiden Werte des Maurenfinken sind keine Überleitung zum Lorbeerfinken, sondern nur eine Verkleinerung der Maurenfink-Dimensionen. Auch bei diesen beiden Exemplaren ist die HS 6 > 9. Man kann unter dem Eindruck dieses Sachverhalts sagen, daß der Maurenfink im Spielraum der Umbildungsmöglichkeiten des Buchfinken eine extreme Randlage einnimmt. Dafür sprechen außerdem die Färbungsverhältnisse, die bei allen *Fringilla*-Gruppen nicht quer durch die Proportionsverhältnisse hindurchgehen, sondern mit diesen konform in gleichen Abständen abwandeln. Mit Recht dürfen hier jeweils kausale Zusammenhänge angenommen werden.

Der große Teydefink *(Fringilla teydea)* hat Schwingenverhältnisse, die mit denen der Lorbeerfinken übereinstimmen, doch liegt der Handflügelindex an der oberen Grenze, die hier für die Lorbeerfinken angegeben wurde. Dazu ist der Schwanz-

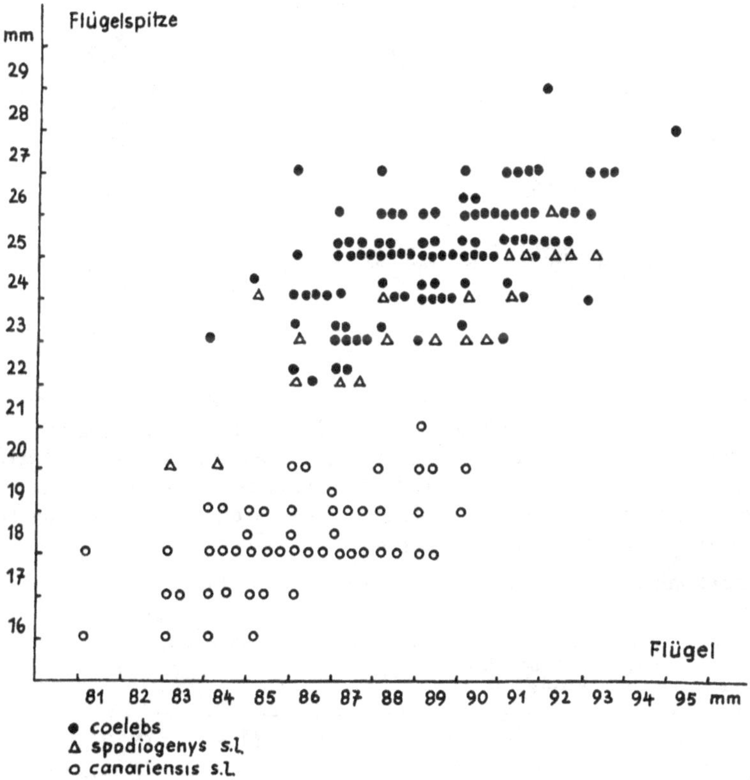

Abb. 6. Verhältnis der Flügelspitze zur Flügellänge bei männlichen Buchfinken (●), Maurenfinken (△) und Lorbeerfinken (O). Orig. E. MEISSNER

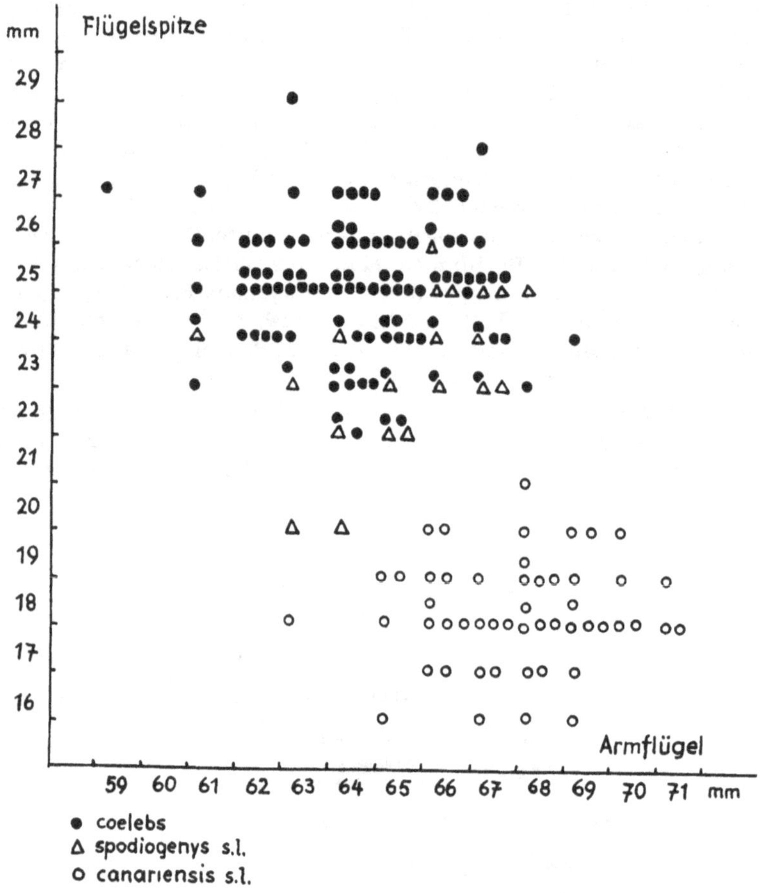

Abb. 7. Verhältnis der Flügelspitze zur „Armflügellänge" bei männlichen Buchfinken (●), Maurenfinken (△) und Lorbeerfinken (O). Gegenprobe zu Abb. 6. Orig. E. MEISSNER

flügelindex gegenläufig. Er liegt an der unteren der für die Lorbeerfinken festgestellten Grenze. Die Flügel- wie die Flügel-Schwanz-Proportionen des Teydefinken stimmen mit denen des Maurenfinken am deutlichsten überein. Dazu passen aber nun die Schwingenverhältnisse wieder nicht. Trotz partieller Übereinstimmung, so ist der Eindruck, steht der Teydefink außerhalb jenes Kontinuums, das durch Berg-, Buch-, Mauren- und Lorbeerfinken gebildet wird.

Die Maße und Indexwerte der mir vorgelegenen Teydefinken bringt Tabelle 5.

Tabelle 5

	ssp. *polatzeki* 9 ♂♂		9 ♀♀	
Flügel	96 —99	(M 97,4)	87 —90	(M 88,3)
Flügelspitze	23 —26	(M 24,0)	20 —22	(M 21,0)
Schwanz	75 —78	(M 76,6)	69 —71	(M 69,9)
H. I.	23,5—26,8	(M 24,6)	22,7—24,7	(M 23,7)
S. F. I.	77,3—79,6	(M 78,6)	76,7—80,5	(M 79,1)

	ssp. *teydea* 7 ♂♂	7 ♀♀
Flügel	100 –105 (M 102,3)	90 –94 (M 92,4)
Flügelspitze	23 – 25 (M 24,4)	21 –23 (M 22,1)
Schwanz	80 – 85 (M 82,0)	72 –77 (M 74,0)
H. I.	22,9– 24,6 (M 23,9)	22,6–25,6 (M 23,9)
S. F. I.	78,4– 81,7 (M 80,2)	78,3–81,9 (M 80,1)

Bei Männchen und Weibchen beider Subspezies ist die HS 5 > 9.

	Handflügelindex	Schwanzflügelindex
Teydefinken	22,6–26,8	76,7–81,9
Maurenfinken	23,8–28,3	75,8–82,6
Lorbeerfinken	18,8–23,6	80,2–86,8

Die Analyse, die hier, materialbedingt, auf die Körper-Peripherie beschränkt ist, soll aber auch bionomische Wesenszüge und Beziehungspunkte zur Sprache bringen. Die vielfältigen Angaben über die Stimme der *Fringilla*-Formen im älteren Schrifttum genügen natürlich nicht den Anforderungen der heutigen Bioakustik, und was die umfangreichere neuere Literatur über den Motivgesang einschließlich der Dialektbildung des Buchfinken bringt (vgl. z. B. THIELCKE 1970), kann hier nicht ausgewertet werden. Einige Anmerkungen sind aber dennoch am Platze.

KNECHT und SCHEER (1968) machten eingehende Angaben über das stimmliche Repertoire des Azoren-Buchfinks *(F. coelebs moreletti)*. Sie wiesen darauf hin, daß der Sozialruf „pink", den man von *F. c. coelebs* kennt, bei *moreletti* ein „gä" ist. Man vermißt in der Studie den Hinweis, daß dieses „gä" dem Sozialruf des Bergfinks, dem „quäk" oder „kjä" (HORTLING 1938, p 227), auffallend ähnelt, ein Sachverhalt, der durch Anklänge im Färbungsmodus der Lorbeer- an den Bergfinken um so interessanter ist. „Kaspar-Hauser"-Buchfinken sollen das „pink" nicht hervorbringen, sondern nur gelegentlich ein „chaa". Der Flugruf „jüp" ist mit unbedeutenden Abwandlungen den Berg-, Buch- und Lorbeerfinken eigen.

Die Stimme des Teydefinken *(F. teydea)* hat vielleicht mehr eigene Elemente. Der Lockton (Sozialruf) soll an *Coccothraustes* und *Loxia* erinnern (KOENIG 1890, p. 416). Auch v. THANNER (1903, p. 214) wies darauf hin, daß junge Teydefinken „einen dem Kernbeißer ähnlichen Ruf ausstoßen".

Der Teydefink legt nur 1 oder 2 Eier, die nach HARTERT (1904, p. 130) „riesigen, länglichen Dompfaffeneiern" gleichen, während das Gelege der Lorbeer- und Maurenfinken aus 4 bzw. 4–5, das der Buch- und Bergfinken aus 4–6 bzw. 5–6 Eiern (HOEHER 1972) besteht. Auch der Nestbau ist unterschiedlich. Der Teydefink baut ein großes, lockeres Nest mit flacher Mulde, das des Bergfinks ist dem bekannten Moosnapf des Buchfinks ähnlich, aber umfangreicher, dickwandiger und lockerer im Bau.

In gewissem Sinne schließen sämtliche *Fringilla-Formen* einander räumlich aus; die Teyde- und Lorbeerfinken sind (vielleicht nicht ganz streng) vertikal, die Lorbeer-, Mauren- und Buchfinken horizontal (allopatrisch) getrennt. Selbst die Buch- und Bergfinken sollten trotz ihrer breiten Überlappungszone (Abb. 1) nicht als sym-

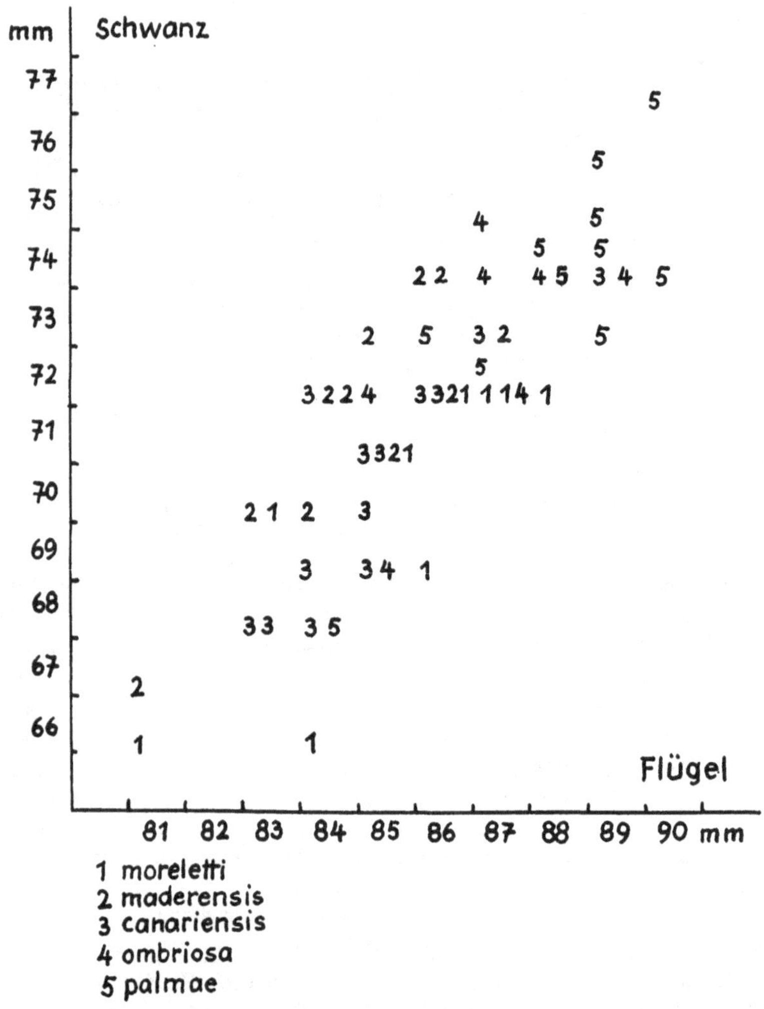

Abb. 8. Verhältnis der Schwanz- zur Flügellänge bei den Subspezies der Lorbeerfinken (*canariensis*-Komplex), Männchen: 1 = *moreletti*, 2 = *maderensis*, 3 = *canariensis* s. str., 4 = *ombriosa*, 5 = *palmae*. Orig. E. MEISSNER

patrisch im strikten Sinne bezeichnet werden, sondern als allopatrisch mit transgressiver Verbreitung (wie ja auch Allospezies geographisch übereinandergreifen können).

Die Kenntnis der Habitatansprüche ist natürlich auch bei diesen Vögeln von Gewicht. Sie ist es vor allem dann, wenn es uns einstweilen noch versagt bleibt, ein gültiges Bild von der Umwelt einer bestimmten Tierform zu zeichnen. Für *Fringilla* allgemein gilt: Wo keine Bäume stehen, sind auch diese Finken nicht ansässig.

Der Bergfink ist ein typischer Taigavogel, der im Norden dieser Zone bis in die Buschtundra vordringt und auch, wie in Finnland, feuchten Birkenwald, Kiefernheide usw. bewohnt. Wenngleich er auch in reinen Buchenwäldern zu finden ist, scheint er doch hochstämmige Wälder mit starkem Koniferenanteil zu bevorzugen. Der Buchfink ist eine normale Erscheinung beinahe aller Waldformationen bis zur Baumgrenze im Gebirge und zugleich ein charakteristischer Bewohner der Kulturlandschaft, wenn diese nur reichlich mit Parkanlagen und Obstgärten durchsetzt ist. Im allgemeinen richtet sich der Buchfink nach den lokalen Gegebenheiten. Nach der Literatur zu entscheiden, inwieweit sich dabei geographisch bedingte Habitat-Schwerpunkte herausgebildet haben, ist schwierig. Für *F. c. solomkoi* mag zutreffen, daß er Buchenwäldern den Vorzug gibt (RADDE 1884, pp. 174–175; Vögel der Sowjetunion, Bd. 5, p. 291). Der Maurenfink findet sich in Oliven-, Steineichen- und Pinienwäldern (KOENIG 1896, p. 115).
Von größerem Interesse sind die Aufenthaltsorte der Lorbeerfinken, da sie zwei Inseln mit den Teydefinken teilen. Letztere sind Bewohner der hochgelegenen Pinienwälder, die sie auch im Winter nicht verlassen. Nur im Frühjahr kommen sie ge-

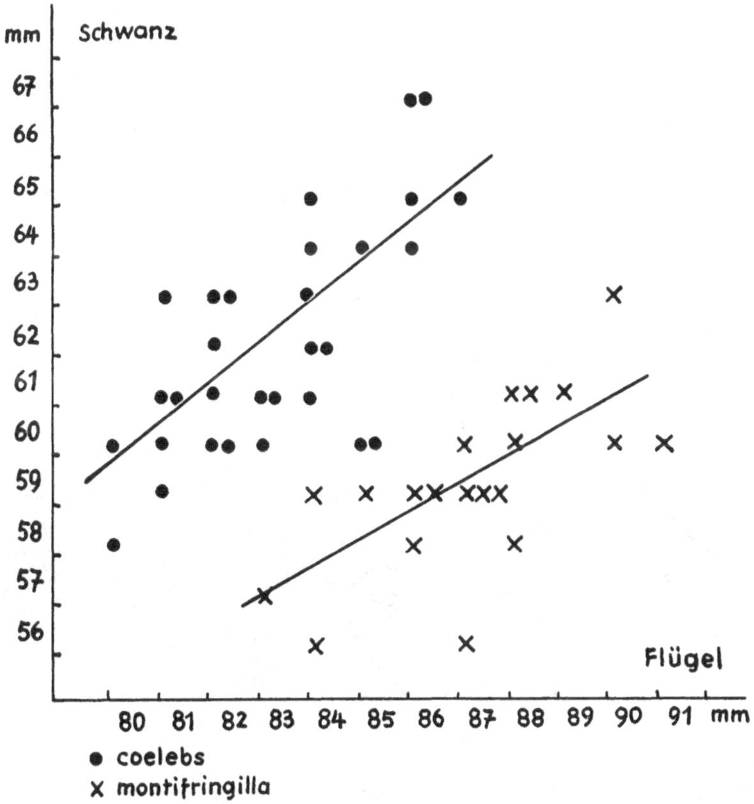

Abb. 9. Verhältnis der Schwanz- zur Flügellänge bei weiblichen Bergfinken (x) und Buchfinken (●). Eingezeichnet sind die Beziehungsgeraden. Orig. E. MEISSNER

legentlich in nahe Dörfer (v. THANNER 1903, p. 215). MEISE (1962, p. 635) sagt vom Lorbeerfink, daß dieser „auf Gomera die Nadelwälder auch besetzt hat, weil dort der Kanaren-Buchfink [Teydefink] fehlt". In Laub- und Nadelwäldern sowie in Gärten scheinen die Lorbeerfinken auf allen Inseln ihres Areals vorzukommen, also auch in den Nadelwäldern von Teneriffa und Gran Canaria, wie den Mitteilungen POLATZEKS (1908, p. 197) zu entnehmen ist. Auf Madeira soll der Lorbeerfink seinen Namen nicht verdienen, da sein Aufenthalt vorwiegend in Nadelwald sei. Inwiefern vielleicht durch Abholzung verursachte Landschaftsveränderungen dazu geführt haben könnten, ist mir nicht bekannt. Für die Azoren spielt dies aber eine Rolle. KNECHT und SCHEER (1968) weisen darauf hin, daß mit der Besiedlung der Inseln im Jahre 1439 der aus Laurus und Erica bestehende ursprüngliche Wald abgeholzt und durch anderen ersetzt wurde. Dem Bestand des Finken hat das nicht geschadet. Nach KNECHT und SCHEER (l. c.) sowie HARTERT und OGILVIE-GRANT (1905, p. 123) ist der Lorbeerfink *F. c. moreletti* der häufigste Vogel der Azoren, der von der Küste bis ins Hochgebirge vorkommt. Bemerkenswert ist die

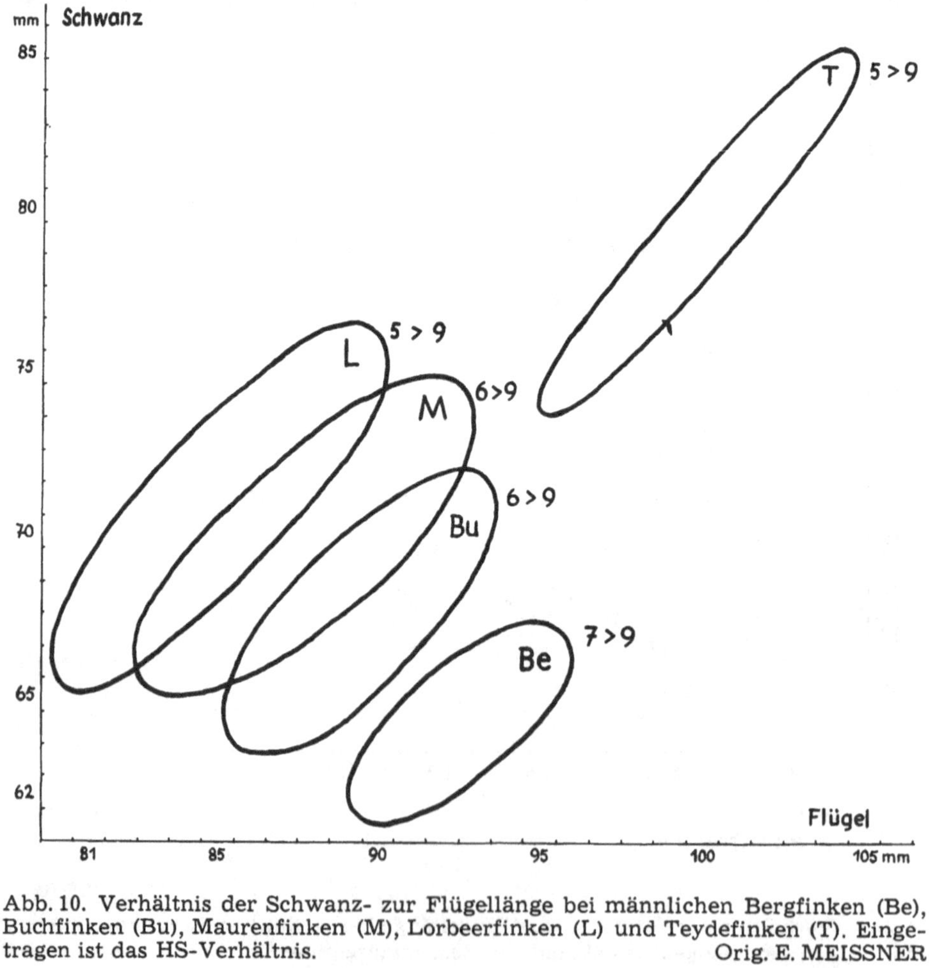

Abb. 10. Verhältnis der Schwanz- zur Flügellänge bei männlichen Bergfinken (Be), Buchfinken (Bu), Maurenfinken (M), Lorbeerfinken (L) und Teydefinken (T). Eingetragen ist das HS-Verhältnis. Orig. E. MEISSNER

bisweilen große Brutdichte, wie sie auch vom Bergfink (mit dem so ähnlichen Sozialruf) bekannt ist. KNECHT und SCHEER schreiben: „An geeigneten Stellen lagen die Nester sehr eng beieinander"; so wurden z. B. drei Nester im Abstand von je 20 m und auf 144 m fünf Nester gefunden.

Das Kapitel „Nahrung" möchte ich hier ausklammern. Über die starkschnäblige *F. c. solomkoi* vom Kaukasus ist nichts bekannt, auch über *moreletti* fand ich diesbezüglich keine Angaben.

Abschließend eine Übersicht über die Formengruppen. Es ist ratsam, bei der Aufschlüsselung kongenerischer Formen sich zunächst nicht an eine bestehende Spezies-Gliederung zu binden, sondern eine neutrale Kategorie, etwa den Komplex, zu wählen. Diese Komplexe lassen sich einfach nach ihrer relativen Ähnlichkeit und ihrem geographischen Zusammenhang ordnen. Die Gattung *Fringilla* L. zerfällt in fünf Komplexe, die sich folgendermaßen charakterisieren lassen.

I. *teydea*-Komplex, Teydefink

Fast vollständig blau mit weißem Bauch und ebensolchen Unterschwanzdecken, Färbungsmuster nur ansatzweise an den Schwanzfedern und Flügeldecken; Kleingefieder sehr lang und zart, Haut außerordentlich dünn (KOENIG 1890, p. 423).

Geschlechtsunterschiede stark ausgebildet.

Flügel rund wie beim Lorbeerfink (II.), HS 5 > 9, aber H. I. diesem gegenüber verhältnismäßig hoch, der S. F. I. niedrig (s. o.). Die größeren Teyde- und kleineren Lorbeerfinken sind nicht übereinstimmend proportioniert (bei gleichen Schwingenverhältnissen).

Auf Gran Canaria kleiner sowie mit breiteren und helleren Flügelbinden *(polatzeki)*, auf Teneriffa größer usw. *(teydea)*.

II. *canariensis*-Komplex, Lorbeerfink

Unterseite mehr oder weniger ausgedehnt chamois mit mehr oder minder (bei der Azoren-Subspezies stärker reduzierter) weinrötlicher Tönung. Wangen wie die Kehle gefärbt (im Gegensatz zum Maurenfink, III., aber übereinstimmend mit dem Buchfink, IV.). Oberseite graublau bis tiefblau mit bei den einzelnen Subspezies wechselnder Ausdehnung. Auf den Azoren weniger und auf Madeira mehr mit bräunlichem Sattel ist der Rücken grün, welche Färbung sich bei den kanarischen Subspezies auf den Bürzel beschränkt und unter diesen bei der Subspezies von Palma nur noch an den frischen Federsäumen in Erscheinung tritt. Die drei kanarischen Subspezies haben tiefblauen Oberkopf und Rücken (im frischen Gefieder mit nur ganz schmalen bräunlichen Säumen), darin dem Bergfink (V.) im abgeriebenen Gefieder ähnelnd. In den Genickfedern findet sich, etwa bei *maderensis*, zuweilen eine weißliche Federbasis, die beim Bergfink zu einem deutlichen Genickfleck ausgeweitet ist.

Geschlechtsunterschiede sind stark ausgebildet. Einzelne Weibchen mit unterseits etwas lebhafterer Färbung gibt es (wie z. B. ein *canariensis*-Weibchen im Forschungsheim Wittenberg); das ist auch beim Buchfinken (IV.) bekannt.

Der Flügel ist rund wie beim Teydefink (I.). HS 5 > 9.

H. I.: 18,8—23,6 Prozent; S. F. I.: (78,6) 80,2—86,8 Prozent.

Die Subspezies unterscheiden sich durch Verschiebungen in Färbung und Größe (wohl auch in der Stimme) und verteilen sich über die atlantischen Inseln wie folgt: Azoren *(moreletti* — subtilste Differenzierungen mögen auch innerhalb der Azoren bestehen, cf. VAURIE 1956, p. 2), Madeira *(maderensis)*, Gran Canaria, Teneriffa, Gomera *(canariensis)*, Hierro *(ombriosa)*, Palma *(palmae)*.

III. *spodiogenys*-Komplex, Maurenfink

Der Maurenfink hat mit dem Lorbeer- und dem Buchfinken das schwarze Stirnband gemeinsam. Während aber bei den atlantischen (am wenigsten bei *moreletti)* und europäischen Formen die lebhafte Ventralfärbung auf die Kopfseiten übergreift, hat sich bei den nordwestafrikanischen Formen die mehr oder weniger intensive bläulichgraue Oberkopffärbung über die Kopf- und Halsseiten ausgedehnt. Das Färbungsmuster des Kopfes erinnert dadurch sehr an das des Bergfinken (V.). Die Maurenfinken haben gelegentlich einen weißen Hinteraugenfleck. Bei den Lorbeerfinken hingegen zeigt sich ein Superciliarstreif von gleicher Färbung wie die Unterseite. Rücken und Bürzel des Maurenfinken sind grün, haben aber im frischen Gefieder (stets ?) zarte braune Säume. Ein im Oktober in Gefangenschaft gestorbener Vogel (Mus. Koenig, Bonn) hat deutliches Braun auf dem Rücken. Unterseits hellweinrötlich ohne Beimengung von Gelb. 3—5 Steuerfederpaare mit weißer Zeichnung (bei den Lorbeerfinken sind es mit Ausnahme der Azoren-Subspezies 3 Paare).

Geschlechtsunterschiede sind stark ausgebildet.

Flügel spitzer als beim Lorbeerfinken (II.). HS 6 > 9.

H. I.: 23,8—28,3 Prozent; S. F. I.: (72,9) 75,8—82,6 Prozent.

In Nordwestafrika eine östliche *(spodiogenys* — größer und heller) und eine westliche Subspezies (kleiner und dunkler), auf welch letztere die Anwendung des Namens *africana* Schwierigkeiten bereitet.

IV. *coelebs*-Komplex, Buchfink

Stirn schwarz, Oberkopf und Hinterhals bläulichgrau, Rücken braun, Bürzel grün, unterseits weinrötlich bis rotbraun. Die Kopfseiten sind wie Kehle und Brust gefärbt (ganz ähnlich bei II., abweichend bei III. und V.). Die weiße Zeichnung der Steuerfedern ist normalerweise auf die beiden äußeren Federpaare begrenzt.

Geschlechtsunterschiede sind stark ausgebildet.

Schwingenverhältnisse im wesentlichen wie bei III. HS 6 > 9 bis = 9.

H. I. der ♂♂: 25,3—31,5 Prozent, der ♀♀: 25,0—30,5 Prozent; S. F. I. der ♂♂: 71,6 bis 79,5 Prozent, der ♀♀: 70,1—77,9 Prozent.

Über ganz Europa verbreitet, mit zwei Keilen nach West- und Südwestasien hineinreichend. Die kleinere ssp. *alexandrovi* unterscheidet sich beispielsweise von der größeren ssp. *coelebs* (oder *hortensis)* weder in den Schwingenverhältnissen noch im H. I. oder S. F. I. Die einzelnen Subspezies differieren in der Größe und im Färbungston bis zu geringfügigen Verschiebungen in den Flügel-Schwanz-Proportionen, in denen sich etwa *sarda* und *schiebeli* den Maurenfinken (III.) annähern.

V. *montifringilla-Komplex*, Bergfink

Oberkopf in der Ausdehnung wie beim Maurenfink (III.) tief blauschwarz gefärbt, desgleichen der Rücken (im frischen Gefieder durch helle Federsäume verschleiert; im Nacken befindet sich ein mehr oder weniger versteckter weißer Fleick[4]). Bürzel weiß. Unterseits ähnlich wie der Lorbeerfink gefärbt, nur intensiver und ohne weinrötliche Tönung. Bauch weiß. Von den Steuerfedern trägt nur das äußerste Paar weiße Zeichnung.

[4] Ansatzweise findet sich dieser Fleck auch beim Buchfinken, wie ein Männchen (ex coll. GEIDEL) belegt, und beim Lorbeerfinken (s. unter 4., II.).

Im Gegensatz zu Teyde-, Lorbeer-, Mauren- und Buchfink (I.—IV.) ist der Geschlechtsdimorphismus beim Bergfink nicht so stark entwickelt. Das Weibchen wirkt wie eine blasse Ausgabe des Männchens.

Flügel spitzer als beim Buchfink (IV.). HS 7 > 9 bis 8 > 9.

H. I. der ♂♂: 30,3—34,8 Prozent, der ♀♀: 31,8—35,6 Prozent; S. F. I. der ♂♂: 67,7 bis 73,9 Prozent, der ♀♀: 64,4—70,2 Prozent.

Auffallend ist, daß der Bergfink gegenüber dem Buchfink trotz des zur Flügellänge relativ kurzen Schwanzes die tiefere Schwanzgabelung hat.

Nördliche Palaearktis bis zur Waldgrenze. In Ostasien östlich des Jenissei ssp. *subcuneolata,* in Westsibirien und Nordeuropa ssp. *montifringilla* (nur in der Färbungsintensität verschieden).

5. Synthese

Man ist in der Taxonomie stets bereit, den Resultaten von Detailuntersuchungen eine entscheidende Bedeutung beizumessen, wenn sie sich als Beitrag zur Gesamteinschätzung eines Tieres verstehen lassen. Die Gesamteinschätzung, sofern sie sich am naturgegebenen Zusammenhang von Tiergestalt, Verhalten und ökologischer Umwelt orientiert, wird immer den letzten Ausschlag geben. Einerseits lag die Versuchung nahe, aus diesen *Fringilla*-Studien taxonomische Konsequenzen zu ziehen — um so mehr, als die bloßgelegten Proportionsverhältnisse bzw. der Trend der Proportionsabwandlungen mit Färbungscharakteren und geographischer Anordnung ein vollkommenes Bild innerer Bezogenheit widerspiegeln; es wäre leichtfertig, es mit dieser Feststellung bewenden zu lassen. Andererseits wäre es schade um das Erreichte, wenn man dessen weiteren Ausbau von vornherein mit Spekulationen belastete, die momentan wohl unvermeidlich wären. So geht es bei dieser Synthese nicht um die Einstufung der behandelten *Fringilla*-Komplexe in den Spezies- oder Subspeziesrang, auch nicht um eine Superspeziesgruppierung, sondern um die Betonung der Tatsache, daß es intragenerische Diskontinuitäten gibt, die als aufeinander rückbezüglich nachweisbar sind — wobei die geographische Vikarianz solcher Diskontinuitäten auf den Untersucher sehr stimulierend wirken kann — während andere abseits stehen. Diese letzteren, nicht ableitbaren Diskontinuitäten weisen auf einen Hiatus hin, dessen Überbrückung mit den Mitteln der Spekulation nicht weiterführen würde. Auf *Fringilla* angewandt heißt das: Die plastischen Unterschiede im Flügelbau und im Flügel-Schwanz-Verhältnis zwischen Lorbeerfinken, Buchfinken (incl. Maurenfinken) und Bergfinken sind markant, doch in ihrer Umbildungsrichtung kontinuierlich und damit zueinander relativ. So steht bei diesen Gruppen der geographischen Vikarianz (es sei empfohlen, Buch- und Bergfink trotz der breiten Überschneidungszone nicht als sympatrisch aufzufassen!) die m o r p h o l o g i s c h e V i k a r i a n z zur Seite. In diesem Sinne vikariiert der Teydefink mit den anderen nicht. Zwischen ihm und den übrigen Gattungsvertretern besteht eine echte, d. h. ohne Zwang nicht zu überbrückende Diskontinuität. Die gewiß zu Recht behauptete Verwandtschaft im Rahmen der Gattung ist aber nur ein Vorschuß auf die Lösung der in jedem Einzelfall neu zu untersuchenden Gestaltbildungsfrage.

Die zur Zeit geltende Vorstellung von den Verwandtschaftsverhältnissen zwischen den Spezies der Gattung *Fringilla* besagt, daß die Buchfinken im weiteren Sinne (d. h. einschließlich der Mauren- und Lorbeerfinken) zum Teydefinken engere Beziehungen als zum Bergfinken haben. So wird angenommen, daß der Teydefink der erste und der Lorbeerfink der zweite Einwanderer auf den Kanarischen Inseln waren. Dabei habe letzterer den ersteren in unwirtliche Höhenlagen abgedrängt. Beide seien aber unmittelbarer gemeinsamer Abstammung und aus Nordwestafrika gekommen. Bei FISHER und PETERSON (1964, p. 54) findet sich diese Annahme mit verblüffender Einfachheit illustriert. Die habituelle Ähnlichkeit zwischen Teyde- und Lorbeerfink, die für die Unterbringung in derselben Gattung verantwortlich ist, im Verein mit engster geographischer Nachbarschaft (bei ökologischer Trennung), scheint man für diese Konstruktion als ausreichend zu erachten. Der Bergfink mit geringerem Geschlechtsdimorphismus in der Färbung ist ostpalaearktischer Herkunft (STEGMANN 1932, JOHANSEN 1944) und wird, abgesehen von Fragen zwischenartlicher Konkurrenz mit dem Buchfink, kaum einmal im Zusammenhang mit den Evolutionsproblemen der übrigen *Fringilla*-Komplexe konfrontiert. Die kanarischen Finken sind bereits zu Musterbeispielen für Mehrfacheinwanderungen und Speziation aufgerückt.

In der Analyse wurde gezeigt, daß erstens die atlantischen Lorbeerfinken eine gut abgegrenzte Gruppe bilden und nicht nahtlos in die Mauren- und Buchfinken übergehen, daß zweitens die Teydefinken (in ihrer Blaufärbung mit den kanarischen Lorbeerfinken einen geographischen Parallelismus bildend) nicht nachweislich direkt von den Buchfinken im weiteren Sinne ableitbar sind, und daß drittens die Bergfinken nicht gänzlich isoliert stehen, sondern vielmehr zu den Buchfinken (insbesondere zu den Lorbeerfinken) ein enges Verwandtschaftsverhältnis haben.

Die breite Überschneidungszone zwischen Buch- und Bergfink, innerhalb derer kein Mischgebiet entstanden ist, spielt bei der Beurteilung des Differenzierungsgrades beider eine ausschlaggebende Rolle. Dabei zeigen die gar nicht allzu seltenen Hybriden (vgl. z. B. STRESEMANN 1923, JACOBI 1923, MOLTONI 1956, FOLKESTAD 1967, PAYEVSKY 1970), daß die genetische Isolierung keine vollständige ist. Züchtungsexperimente sind mir unbekannt. Obwohl in jüngerer Zeit ein Vordringen des Buchfinken nach Südosten, Nordosten und Norden (VOOUS 1962, SUDILOWSKAJA 1972) registriert wurde — Hand in Hand mit einem Zurückweichen des Bergfinken nach Norden — bewahrt das Überschneidungsgebiet in seiner Ausdehnung eine bemerkenswerte Stabilität. Es ist immer mißlich, wenn man wesentliche Informationen ausschließlich der Literatur entnehmen muß wie im Falle der ökologischen Ansprüche dieser Finken in den Gebieten gemeinsamen Vorkommens. Immerhin scheint danach der ökologische Unterschied zwischen Buch- und Bergfink, deren ersterer eine beträchtlichere ökologische Potenzbreite zeigt und deren letzterer etwa einen Monat später an den Brutplätzen eintrifft, nicht gewichtig zu sein. Die ungestörte Verzahnung der Brutreviere (UDVARDY 1954, 1956) erinnert sehr an vergleichbare Verhältnisse bei südeuropäischen Haus- und Weidensperlingen. Der Grad der Verwandtschaft zwischen Berg- und Buchfink läßt sich meines Erachtens nicht allein aus der reproduktiven Isolation im Überschneidungsgebiet ermessen. Man denke an andere Fälle: In mancher Kontaktzone gibt es Vermischung und Isolation. Oder: Wie oft wird potentielle Fruchtbarkeit, die GISIN (1964, p. 6) für eine „unbiologische Fiktion" hält, nur aufgrund des geringen morphologischen Differenzierungsgrades angenommen und bei diskrepanten allopatrischen Formen von vornherein ausgeschlossen. Gegen letzteres sprechen echte Mischgebiete zwischen allopatrischen Diskrepanzformen, die später entdeckt wurden, eine deutliche Sprache. Ich denke an *Astrapia* und *Pheucticus*. Die nordamerikanischen Kardinäle *Pheucticus ludovicianus* und *Ph. melanocephalus* (WEST 1962, KROODSMA 1974) haben im Gegensatz zu Buch- und Bergfink ein Mischgebiet und werden deshalb von MAYR und SHORT (1970, p. 25) in einer Superspezies zusammengeschlossen. Aber in Färbung und Geschlechtsdifferenzierung sind beide ein frappierendes Gegenstück zu Buch- und Bergfink und strahlen insofern auf die Behandlung dieses Falles einen suggestiven Reiz aus.

Es liegt nicht in der Absicht dieser vergleichend-morphologischen Studie, eine Zusammenschau der Bionomie der Buchfinken usw. vorzulegen. Das ist für die (europäischen) Buch- und Bergfinken durch NEWTON (1972) bereits geschehen. Aber es sei empfohlen, daß die zahllosen, kaum noch überschaubaren Feststellungen zum Verhalten, der Stimme, der Fortpflanzungsbiologie und Ökologie unter evolutionsbiologischen Gesichtspunkten neu geordnet werden. Damit ist gemeint, daß sie bei tiefergehenden Untersuchungen an einzelnen Finkenformen, die nicht nur mit einem Seitenblick auf die Verhältnisse bei den anderen Formen verbunden werden müssen, jeweils mit eingearbeitet werden und dadurch das neugewonnene Bild abrunden helfen. Auch in anatomischer oder auch nur osteologischer Richtung ist hier noch viel zu tun. In vorstehender Analyse wurde auf die Mitteilung von Tarsusmaßen verzichtet. Was nützen eventuell festzustellende Unterschiede in der Tarsuslänge zwischen einzelnen Formen, wenn uns weder die anderen Teillängen noch somit die Gesamtlänge der Hinterextremität bekannt sind? Ein Flügel-Tarsus-Index grenzte an Spielerei, denn er trüge nichts zum Verständnis der Unterschiede bei.

MAINARDI (1957) hat Buch- und Bergfink serologisch verglichen. Das ist für die biochemische Aufklärung aber nur der Anfang.

Von der Evolution der *Fringilla*-Komplexe II.–V. (also zunächst unter Ausschluß der Teydefinken) könnte man, in groben Konturen, folgendes Bild entwerfen. Die Ausgangsform wurde in einen ost- und einen südwestpalaearktischen Teil gespalten. Ersterer führte zum Bergfink, letzterer dürfte in den Lorbeerfinken das ursprüngliche Element bewahrt haben. Berg- und Lorbeerfink repräsentieren die Proportionsextreme des Großgefieders, sind sich aber im Färbungsmodus und (beispielsweise) im Sozialruf sehr ähnlich. Weitere Differenzierungen im westlichen Teil ergaben die Mauren- und Buchfinken, welch letztere meines Erachtens den jugendlichsten Evolutionsabschnitt verkörpern und bei ihrer Ausbreitung nach Norden und Nordosten auf den westwärts vordringenden Bergfink stießen. Man sollte im Auge behalten, daß die geographisch vikariierenden Komplexe II.–V. nicht nach dem Prinzip einer Kettenreaktion auseinander entstanden sind, wie es für viele der nur nach Größe und Färbung differierenden Subspezies innerhalb eines Komplexes zutreffen mag, sondern als radiäre Bildungen von einem zentralen Ausgangspunkt her zu verstehen sind. Dies festzuhalten, dürfte auch für bioakustische und Verhaltensanalysen nicht unwichtig sein. Was zu dieser Ansicht führt, ist folgendes: Die individuellen Proportionsunterschiede etwa einer Buchfinken-Subspezies beruhen auf einfachen Längenverschiebungen im Flügel, der Flügelspitze und im Schwanz, die voneinander unabhängig erscheinen („unabhängige Variabilität", ECK 1973, pp. 86–87), und liegen damit auf einer anderen Ebene als die durch Gestaltkompensation erreichten Proportionsunterschiede zwischen den Komplexen. Dieser Umstand macht den direkten Nachweis unmöglich, wie aus Buchfinkenproportionen Bergfinkenproportionen entstehen könnten, und das liegt wohl an der Unmöglichkeit der Umbildung selbst. Es bleibt nur die Folgerung auf Basisverwandtschaft. Aber selbst dann liegen noch die Differenzierungsvorgänge bei der Ausgangsform nicht klar vor unsern Augen. Wie, wo[5] und wann die nicht zu bezweifelnde Segregation des Teydefinken aus dem *Fringilla*-Stamm erfolgte, ist daher nur noch rätselhafter. So unbequem dieser Sachverhalt auch ist, er reizt zu neuem Suchen.

Es ist bemerkenswert, daß es zwischen den Komplexen vermittelnde Subspezies nicht gibt. Das ist nicht nur bei *Fringilla* so. Was ist der Grund?

Organe, die derart funktionsbelastet sind wie Flügel und Schwanz (Flugbewegung, Tragfläche, Steuerung), müssen, so ließe sich denken, einer besonders harten Selektion unterworfen sein. So wird denn auch eine weitgehend funktionsgerechte Flügelform allenthalben vorausgesetzt. Von einer Evolution des Vogelflügels wie überhaupt eines einzelnen Organs sollte aber dennoch nicht gesprochen werden. Jedes Organ ist untrennbar in die Ganzheit des Individuums und seiner Erscheinungsform eingebettet. Es muß beachtet werden, daß die Wandlung beispielsweise der Flügelform eines komplexen Umbildungsvorganges bedürfte, dessen Problematik bereits erörtert wurde. So unkompliziert wie bisweilen im Schrifttum vollzieht sich das in der Natur nicht. Die Proportionsverschiebung bei *Fringilla* ist ein regelrechter Kompensationsvorgang, der sich innerhalb des Flügels und gleichzeitig zwischen Flügel und Schwanz abspielt. Diesen auf herkömmliche Weise beim Bergfink mit „Zugleistung", beim Lorbeerfink mit „Inseleffekt" erklären zu wollen, befriedigt nicht – abgesehen davon, daß die Lösung der Faktorenfrage keine Vorbedingung für den mit vergleichend-morphologischen Mitteln zu führenden Nachweis einer Gestaltkompensation ist. Die ziehenden Populationen des Buchfinks wohnen auf derselben geographischen Breite wie die Bergfinken. Einen stärkeren Zug des Bergfinks – die Südgrenze für beider Wanderzüge ist in Nordafrika fast die gleiche (NEWTON 1972, p. 21) – als Faktor für die spitzere Flügelform und den höheren Handflügelindex annehmen zu wollen, erschiene mir wie an den Haaren herbeigezogen. Dann müßten auch die Weibchen des Buchfinken einen höheren Handflügelindex haben als die Männchen, da sie regelmäßiger ziehen. Beide zeigen aber diesbezüglich übereinstimmende Werte. Die sedentären Subspezies *F. c. alexandrovi* aus Nordiran oder *F. c. gengleri* aus England haben den grundsätzlich gleichen, sich von dem des Bergfinken abhebenden Flügelbau wie die wandernde *F. c. coelebs*, der aber wiederum deutlich spitzer ist als bei den ebenfalls nicht ziehenden Lorbeerfinken. Der „Inseleffekt" erklärt die Verhältnisse bei den Lorbeerfinken nicht – bei Vögeln, die nicht auf vegetationslosen Inseln leben (können), deren starke Winde sie zur Einschränkung ihrer Aktivität zwingen könnten. Vielmehr sind sie zur Bestreitung ihres täglichen Lebensunterhalts genauso „auf den Flügeln" wie die anderen Finken auch, deren Lebensweise sie meines Wissens teilen. Rundflügel gibt es ja regelmäßig auch bei ausgesprochenen Zwergformen, bei denen sie nicht mit relativer Schwanzverlängerung gekoppelt und nur Ausdruck der der Gesamtverkleinerung unterliegenden Flügelverkürzung sind – ob diese Zwergformen nun auf Inseln leben oder nicht. – Die Maurenfinken mit gegenüber den Buchfinken etwas niedrigerem Handflügelindex, was schon RENSCH (1934, p. 292) bemerkte, führen allenfalls sehr begrenzte Wanderungen durch (KOENIG 1888, p. 236; HEIM DE BALSAC und MAYAUD 1962, pp. 371–372).

[5] Die Besiedlung der Kanaren mußte nicht zwangsläufig über das Meer hinweg erfolgen, wie es (von den Kanaren aus) für Madeira und die Azoren der Fall gewesen ist, da sie vermutlich bis zum Ausgang des Pliozän mit dem afrikanischen Kontinent verbunden waren (NIETHAMMER 1953). Von den Ostkanaren, die sich durch ihr Wüstenklima ökologisch scharf von den Westkanaren unterscheiden, sind zudem fossile Straußeneier bekannt (SAUER 1972).

Es fällt immer wieder auf, daß der Selektionswert lebenswichtiger Organe und deren spezieller Ausformung Gegenstand zu rascher Hypothesen ist. So soll der flugtechnische Vorteil, den minimale Verschiebungen der Schwingenverhältnisse in Richtung auf ein Spitzerwerden des Handflügels gewähren sollen, Selektionswert haben. Aber es wird nicht gesagt, daß ein Vogel mit derselben Flügelform und -fläche im Ablauf eines Jahres auftretende erhebliche Gewichtsunterschiede verkraftet und selbst mit Mauserlücken im Flügel im raschen Fluge seiner Artgenossen mithält. Dies sei nur erwähnt, damit man nicht Gefahr läuft, über dem Flügel den ganzen Vogel zu vergessen — denn es ist zwar der Zusammenhang zwischen Körperbautypus und spezieller Leistung bekannt, aber wir wissen nichts darüber, ob bei Vögeln die spitzflügeligsten Individuen einem Konstitutionstypus zugehören, der die beste Voraussetzung für hohe Zugleistungen darstellte. Ein Blick auf die Ergebnisse der anthropologischen Konstitutionsbiologie ist hier sehr lehrreich.

Streifen wir abschließend die Verhältnisse in der Nachbarschaft der Fringillinen, bei den Carduelinen, so stellt uns der Grünling *(Carduelis chloris)* vor neue Fragen. Dieser hat einen mindestens so spitzen Handflügel (mit noch etwas höherem Handflügelindex) wie der Bergfink, lebt in weiten Gebieten neben dem Buchfink, zieht aber noch weniger als der letztere. Hier wird niemandem der Einfall kommen, der Flügelbau des Grünlings habe etwas mit Seßhaftigkeit zu tun. Hingegen muß man die Frage stellen, ob die Funktionstüchtigkeit der gleichen Flügelform für den relativ kurzschwänzigen Grünling[6] und den vergleichsweise relativ langschwänzigen sowie insgesamt anders dimensionierten Bergfink die gleiche ist. „Rundflüglig" und „spitzflüglig" sind letztlich relative Bezeichnungsweisen, aber man hat doch den Eindruck, daß der Grünling keinen noch spitzeren Flügel erwerben kann. Mit einem hohen Handflügelindex und niedrigem Schwanzflügelindex ist er offensichtlich für große Zugleistungen präadaptiert.

Immer erneut angestellte Vergleiche und Überlegungen führen zu der Einsicht, daß die Übertragung rein rationalistischer Gedankengänge auf die Organisation von Teilen des Tierkörpers, bei denen es sich um augenfällige Gebrauchsorgane handelt, vom vieldiskutierten Wechselverhältnis zwischen Form und Funktion nur die halbe Wahrheit zutage fördert. Diese bestünde in dem ausschließlich adaptiven Charakter jener Formbildungen. Mit Recht weist PORTMANN (1960, pp. 132—133) darauf hin, daß am Erscheinungsbild einer Tierform, dem unbestreitbar ein hoher Eigenwert zukommt, Eigenschaften mit entscheidenden und solche mit unbedeutenden oder keinen Erhaltungsfunktionen gleichberechtigt beteiligt sind. So liegt auf der Hand, daß die Wandlung von Teilen eingebettet ist in die Wandlung des Ganzen. Und es wird offenbar, daß wir es mit komplexen Wandlungsvorgängen zu tun haben müs-

[6] Bei weitgehend mit der des Bergfinken übereinstimmender Flügelform hat *Carduelis chloris chloris* einen relativ kurzen Schwanz (50 ♂♂: 60,4—67,0 Prozent). Bei *Carduelis* wurde gefunden, was zu Anfang bei *Fringilla* gesucht wurde: Proportionsgleichheit im Großgefieder bei kongenerischen Spezies, repräsentiert durch *C. chloris chloris* und den kleineren *C. carduelis carduelis* (33 ♂♂ des letzteren: 61,3—65,9 Prozent). Beide stimmen auch im Handflügelindex weitestgehend überein. In einer Korrelationstabelle (Flügel/Schwanz) erreichen die Maxima des Stieglitzes gerade die Minima des Grünlings, und doch könnte unter dem Eindruck dieser verschiedenen Vogelgestalten niemand behaupten, der Stieglitz sei nichts weiter als eine Verkleinerung des Grünlings! Es wäre lohnend, in einen Proportionsvergleich die grauköpfigen *caniceps*-Stieglitze sowie die ostasiatischen Grünlinge von *kittlitzi* bis *ambigua* mit einzubeziehen.

sen, wenn Proportionsdiskrepanzen bestehen, wie sie die evolutive Radiation in der Gattung *Fringilla* hervorgebracht hat.

Die taxonomischen Konsequenzen, die aus dieser Untersuchung gezogen werden könnten, sind nicht vergessen. Spruchreife werden sie aber erst dann erlangen, wenn weitere Untersuchungsergebnisse vorliegen.

Für die Anregung und Kritik, die mir bei der Diskussion dieses Themas durch etliche Kollegen zuteil wurde, sei auch an dieser Stelle vielmals gedankt. Für technische Unterstützung gilt mein Dank Fräulein E. MEISSNER (Dresden) und Herrn T. NADLER (Dresden).

Zusammenfassung

Ungeachtet der zur Zeit angenommenen Spezies-Gliederung wird die Gattung *Fringilla* L. nach den (Großgefieder-)Proportionen, Färbungscharakteren und der geographischen Verbreitung ihrer Formen in 5 Komplexe eingeteilt: *teydea*-Komplex (Teydefink), *canariensis*-Komplex (Lorbeerfinken, einschließlich der von Madeira und der Azoren), *spodiogenys*-Komplex (Maurenfink), *coelebs*-Komplex (Buchfink), *montifringilla*-Komplex (Bergfink).

Die herausgearbeiteten morphologischen Diskontinuitäten werden auf ihre Relativität hin untersucht, wobei sich ergab, daß mit Ausnahme des nicht ohne weiteres ableitbaren Teydefinken die übrigen Komplexe kontinuierliche Stufen der Proportionsverschiebung zeigen, also relative Gestaltkompensation darstellen.

Summary

EVOLUTIONARY RADIATION IN GENUS FRINGILLA L.
A MORPHOLOGICALLY COMPARING ANALYSIS

Irrespective of nowadays supposed subdivision into species, the *Fringilla* L. genus is classified into five complexes corresponding to proportions (of primary feathers), colour characteristics, and distribution of forms: complex *teydea* (Teydean Chaffinch), complex *canariensis* (Tintillon Chaffinch, also from Madeira and the Azores), complex *spodiogenys* (African Chaffinch), complex *coelebs* (European Chaffinch), and complex *montifringilla* (Brambling).

Morphologic discontinuities worked out are investigated for their relativity. This resulted in the fact that — except the Teydean Chaffinch which cannot be derived without difficulties — the other complexes are characterized by continuous steps of proportion shift, i. e. represent relative compensation in stature.

Literatur

ACKERMANN, A., **1967**: Quantitative Untersuchungen an körnerfressenden Singvögeln. — J. Orn., **108**: 430—473.

BÄHRMANN, U. und S. ECK, **1975**: Brütet *Fringilla coelebs coelebs* L. in Mitteleuropa? — Zool. Abh. Mus. Tierk. Dresden, **33**, Nr. **16**.

BELOPOLSKI, L., **1962**: New data on the reproduction ecology of the Chaffinch and Brambling in Karelia. — Loodus. Selts, Tartu, **55**: 227—239.

CAIN, A. J., **1959**: Die Tierarten und ihre Entwicklung. Jena.

ECK, S., **1973**: Intraspezifische Ausformungen im Flügel- und Schwanzbau bei Würger-Formenkreisen der Gattung *Lanius (Aves, Laniidae)*. — Zool. Abh. Mus. Tierk. Dresden, **32**, Nr. **7**: 75—119.

—, **1974**: Wozu dienen Lebendmaße von Vögeln? — Falke, **21**: 222—227.

FISHER, J. und R. T. PETERSON, **1964**: The World of Birds. New York.

FOLKESTAD, A. O., 1967: Bastardering mellom Bokfink of Bjørkefink. – Sterna, **7**: 343–344.
GENGLER, J., 1907: *Fringilla nobilis* Schrank 1798. – Verh. Orn. Ges. Bay., **8**: 171 bis 174.
–, 1917: Der Formenkreis *Fringilla coelebs* L. – J. Orn., **65**: 35–42. (Reichenow-Festschrift)
GISIN, H., 1964: Synthetische Theorie der Systematik. – Z. f. zool. Syst. u. Evolutionsforschung, **2**: 1-17.
HARTERT, E., 1902: Aus den Wanderjahren eines Naturforschers. Berlin, London, Gravenhage.
–, 1904: Die Vögel der paläarktischen Fauna, I/2. Berlin.
– und W. R. OGILVIE-GRANT, 1905: On the Birds of the Azores. – Nov. Zoolog., **12**: 80–128.
HEIM DE BALSAC, H. und N. MAYAUD, 1962: Les oiseaux du nord-ouest de l'Afrique. (Encycl. Orn., X), Paris.
HOEHER, S., 1972: Gelege der Vögel Mitteleuropas, Radebeul.
HORTLING, I., 1938: Zur Verbreitung und Biologie des Bergfinken, *Fringilla montifringilla* L. – Mitt. Ver. sächs. Orn., **5**: 219–227.
JACOBI, A., 1923: Noch ein Bastard zwischen Buchfink und Bergfink. – Orn. Monatsber., **31**: 109.
JOHANSEN, H., 1944: Die Vogelfauna Westsibiriens, II. Teil. – J. Orn., **92**: 1–105.
KLEINSCHMIDT, O., 1936: *Loxia Borealis* (Kl.). – Falco-Skizzen, Deutsche Vögel, Nr. 6.
KOSSWIG, C., 1974: Form und vermeintliche Funktion. – Z. f. zool. Syst. u. Evolutionsforschung, **12**: 81–93.
KNECHT, S. und U. SCHEER, 1968: Lautäußerung und Verhalten des Azoren-Buchfinken, *Fringilla coelebs moreletti*. – Z. Tierpsychol., **25**: 155–169.
KOENIG, A., 1888: Avifauna von Tunis. – J. Orn., **36**: 121–298.
–, 1890: Ornithologische Forschungsergebnisse einer Reise nach Madeira und den canarischen Inseln. – J. Orn., **38**: 257–488.
–, 1896: Beiträge zur Ornis Algeriens. – J. Orn., **44**: 101–215.
KROODSMA, R. L., 1974: Species-Recognition behavior of territorial male Rose-breasted and Black-headed Grosbeaks *(Pheucticus)*. – Auk, **91**: 54–64.
LORENZ, K., 1967: Über tierisches und menschliches Verhalten, II. München.
MAINARDI, D., 1957: Antigeni eritrocitari specifici e comuni a *Fringilla coelebs* e a *Fringilla montifringilla*. – Istit. Lomb., Rend. Sc., **91**: 570–573.
MAYR, E., 1967: Artbegriff und Evolution. Hamburg, Berlin.
–, 1968: *Fringillinae*. In: PETERS, Check-List of Birds of the World, **14**: 202–206. Cambridge/Mass.
–, R. J. ANDREW und R. A. HINDE, 1956: Die systematische Stellung der Gattung *Fringilla*. – J. Orn., **97**: 258–273.
– und L. L. SHORT, 1970: Species Taxa of North American Birds. – Publ. Nuttall Orn. Cl., Nr. 9, Cambridge/Mass.
MEISE, W., 1962: In: BERNDT und MEISE, Naturgeschichte der Vögel, II. Stuttgart.
MOLTONI, E., 1956: Cattura di un presunto ibrido fra Fringuello e Peppola *(Fringilla coelebs* x *Fringilla montifringilla)*. – Riv. ital. orn., **26**: 13–16.
NEWTON, I., 1972: Finches. London.
NIETHAMMER, G., 1953: Der Kolkrabe *(Corvus corax)* von Fuerteventura, ein Beitrag zur Tiergeographie der östlichen Kanaren. – Bonn. zool. Beitr., **4**: 73–78.
PAYEVSKY, V. A., 1970: A natural hybrid of Chaffinch and Brambling. – Zool. Zh., **49**: 798–799 (russ.).
POLATZEK, J., 1908: Die Vögel der Canaren. – Orn. Jb., **19**: 161–197.
PORTMANN, A., 1960: Neue Wege der Biologie. München.
RADDE, G., 1884: Ornis Caucasica. Kassel.
RENSCH, B., 1934: Einwirkung des Klimas bei der Ausprägung von Vogelrassen, mit besonderer Berücksichtigung der Flügelform und der Eizahl. – Proc. 8. Int. Orn. Congr. Oxford (publ. 1938): 285–311.
SAUER, E. G. F., 1972: Ratite Eggshells from Lanzarote, Canary Islands. – Science, **176**: 43–45.
STEGMANN, B., 1932: Die Herkunft der paläarktischen Taiga-Vögel. – Arch. Naturgesch., N. F., **1**: 355–398.

STRESEMANN, E., 1923: Ein Bastard zwischen Buchfink und Bergfink. – Orn. Monatsber., **31**: 61–62.
SUDILOWSKAJA, A. M., 1972: Zur Systematik der Gattung der echten Finken (*Fringilla* L.) – Wiss. Vortr. Hochsch., Biol. Wiss., Nr. 7: 18–24 (russ.).
THANNER, R. v., 1903: Beobachtungen aus den Pinienwäldern Tenerife's. – Orn. Jb., **14**: 211–217.
THIELCKE, G., 1970: Vogelstimmen. Berlin, Heidelberg, New York.
TORDOFF, H. B., 1954: A Systematic Study of the Avian Family *Fringillidae* Based on the Structure of the Skull. – Misc. Publ. Mus. Zool. Univ. Michigan, Nr. 81, 63 S.
UDVARDY, M. v., 1954: Ett bidrag till bofinkens (*Fringilla coelebs*) och bergfinkens (*F. montifringilla*) utbredningshistoria i Lappland. – Vår Fågelvärld, **13**: 262 bis 266.
–, 1956: Observations on the habitat and territory of the Chaffinch, *Fringilla c. coelebs* L., in Swedish Lappland. – Ark. Zool., Ser. 2, **9**: 499–505.
VAURIE, C., 1956: Systematic Notes on Palearctic Birds, No. 19, *Fringillidae:* the Genera *Fringilla, Serinus, Carduelis,* and *Acanthis.* – Am. Mus. Nov., Nr. 1775, 25 S.
–, 1959: The Birds of the Palearctic Fauna. *Passeriformes.* London.
VOOUS, K. H., 1962: Die Vogelwelt Europas und ihre Verbreitung. Hamburg, Berlin.
WEST, D. A., 1962: Hybridization in Grosebeaks (*Pheucticus*) of the Great Plains. – Auk, **79**: 399–424.

Anschrift des Autors:
Siegfried Eck, DDR – 801 Dresden, Augustusstraße 2, Staatl. Museum für Tierkunde

III-4-9-1332-1 105-19-74 D 2-3-75

ZOOLOGISCHE ABHANDLUNGEN

STAATLICHES MUSEUM FÜR TIERKUNDE IN DRESDEN

Bd. 33 Ausgegeben: 1. Dezember 1975 Nr. 20

Die Bedeutung funktioneller Kriterien für die Beurteilung der taxonomischen Stellung paläarktischer Großfalken*

(Aves, Falconidae)

WOLFGANG BAUMGART

Berlin

1. Einleitung

Eine ausschließlich auf morphologischen Merkmalen basierende taxonomische Untergliederung der paläarktischen Großfalken stößt bei der großen Formenvielfalt dieser Gruppe auf nicht unerhebliche Schwierigkeiten. Neben dem Variieren in Größe und Grundfärbung ist noch in verschiedenem Grade die Ausbildung heller und dunkler Phasen sowie ein altersabhängiger Zeichnungswandel zu beobachten. Die Abgrenzung einzelner Formen wird außerdem durch ein weites Spektrum an individuellen Variationen kompliziert, wie auch der taxonomische Wert und der Umfang natürlicher Gruppierungen von jeher umstritten sind. Nicht selten kann selbst über die Rassezugehörigkeit von Belegexemplaren keine Klarheit gewonnen werden.

2. Der Status der einzelnen Falkenformen

Einen wesentlichen Fortschritt gegenüber den Ansichten älterer Autoren, auf die an dieser Stelle nicht näher eingegangen werden soll, erbrachte die Aufstellung zweier Formkreise – den von *Falco Hierofalco* (Realgattung der Jagdfalken) und den von *Falco Peregrinus* (Realgattung der Wanderfalken) durch KLEINSCHMIDT (1901, 1912–27, 1923–37, 1933–37). Grundlage für diese Aufteilung bildeten unterschiedliche Proportionen im Körperbau sowie die Feststellung, daß sich die einzelnen Formen geographisch vertreten. Wenn in einem Gebiet zwei Großfalken nebeneinander vorkommen, muß zwangsläufig der eine ein Jagd- und der andere ein Wanderfalke sein. Auf diese Weise war es auch möglich, den in einzelnen Merkmalen dem Wanderfalken gleichenden Lanner als Jagdfalken zu charakterisieren.

Ganz allgemein sind bei annähernd gleichen Gewichten Jagdfalken immer schlanker, mit längerem Stoß und vor allem mit an der Basis breiteren Flügeln ausgestattet, was sie größer als die dann gedrungeneren, kurzschwänzigeren sowie lang- und spitzflügligeren Wanderfalken erscheinen läßt. Von den insgesamt kürzeren Zehen weist die Außenzehe die gleiche Länge wie die Innenzehe auf, während sie bei Wanderfalken stets länger ist.

Eine konsequente Befolgung der Formkreisauffassung führt im Falle der Großfalken zu dem Schluß, daß den einzelnen Jagdfalkenformen der gleiche taxonomische Status wie den jeweils entsprechenden Wanderfalkenformen beigemessen werden muß. Eine weitgehende Übereinstimmung mit dieser These kommt bereits in den Publi-

* Vortrag, gehalten auf der Arbeitstagung der Sektion Spezielle Zoologie der Biologischen Gesellschaft der DDR am 13. 12. 1974 in Dresden.

kationen von CHIGI und MARTORELLI (siehe VALLON 1913, 1914) zum Ausdruck. MEINERTZHAGEN (1954) sieht im europäischen Saker *(Falco cherrug)* und Lanner *(Falco biarmicus)* nur jeweils eine Subspezies vom Gerfalken *(Falco rusticolus)* und bezeichnet sie dementsprechend als *Falco rusticolus cherrug* bzw. als *Falco rusticolus biarmicus*. Auch VOOUS (1962) bewertete den Saker als ökologischen und geographischen Vertreter von Ger- und Feldeggsfalken und bezeichnete das Bestehen einer Überlappung der Brutareale, d. h. eine artliche Trennung von Saker und Lanner, als ungewiß. Übergangsformen aus Ungarn erwähnte bereits CSÖRGEY (1897).

Diese in ihren Grundzügen logische und einleuchtende Auffassung von der Taxonomie der paläarktischen Großfalken fand bisher jedoch nicht die ihr gebührende Anerkennung. Während die Wanderfalken eine in ihrem Äußeren recht einheitliche Gruppe bilden, weichen die einzelnen Jagdfalken doch so erheblich voneinander ab, daß gegen ihre Zusammenfassung in einer Art immer wieder die verschiedensten Vorbehalte geäußert worden sind. Ein wesentlicher Mangel der durch KLEINSCHMIDT dargelegten Auffassung von beiden Formkreisen ist, daß keine über die Einheitlichkeit im Körperbau hinausgehende einende Elemente definiert werden.

Heute gelten alle Wanderfalkenformen der Erde mit Ausnahme des Wüstenfalken *(Falco pelegrinoides)* als Rassen einer Art *(Falco peregrinus)*, während den einzelnen Formen des Jagdfalken der Status von Arten zugebilligt wird. In Anlehnung an DEMENTJEW (1951), GLUTZ v. BLOTZHEIM, BAUER und BEZZEL (1971) sowie KURTH (1972) sind zu unterscheiden:

1. Gerfalke *(Falco rusticolus)*: 2—8 Rassen
2. Saker *(Falco cherrug)*: 2—6 Rassen
3. Lanner *(Falco biarmicus)*: 5 Rassen
4. Laggarfalke *(Falco jugger)*
5. Präriefalke *(Falco mexicanus)*

Über die Zugehörigkeit des Australfalken *(Falco subniger)* und des gleichfalls australischen Bleifalken *(Falco hypoleucos)* zur Gruppe der Jagdfalken herrscht noch keine endgültige Klarheit.

Eine konsequente Anwendung der aufgezeigten Artunterteilung der Jagdfalken stößt in der Praxis im Bereich der Paläarktis auf nicht unerhebliche Schwierigkeiten, da in den Grenzzonen Vögel auftreten, die nicht eindeutig dieser oder jener „Art" zugeordnet werden können, da die Übergänge fließend sind. Bis vor kurzem wurde eine in den zentralasiatischen Gebirgen vorkommende dunkle Phase des Sakers wegen ihrer Ähnlichkeit mit dem Gerfalken als Altai-Gerfalke *(Falco altaicus)* aufgefaßt und erst in der Arbeit von DEMENTJEW und SCHAGDARSUREN (1965) erfolgte die eindeutige Zuordnung zum Saker. Anatolische und im Nahen Osten auftretende Jagdfalken wurden teils als Lanner, teils als Saker angesprochen (KUMERLOEVE 1968, 1972), und erst kürzlich konnten bei einer Durchsicht der als Belege für das Auftreten des Lanners in Bulgarien geltenden, im Zoologischen Institut und Museum Sofia aufbewahrten Bälge von 4 Falken 3 eindeutig als Saker eingruppiert werden, während bei dem vierten Exemplar keine Bestimmung möglich war (BAUMGART und DONTSCHEV, in Vorber.). Zum Vorkommen des Lanners in diesem Balkanland, in dem nach ENGELMANN (1928) ebenso wie in Kleinasien Mischformen zu erwarten sind, äußerten sich bereits REISER (1894) und BAUMGART (1971) kritisch.

Da auch die gründlichste Vermessung und Untersuchung bisweilen nicht zu einer „Artbestimmung" führt, müssen unsere derzeitigen Auffassungen von der Taxonomie der Großfalken, insbesondere aber über die der Jagdfalken, als noch nicht abgeschlossen gelten. Neue Wege zur Lösung dieser Problematik ergeben sich bei der Anwendung einer vornehmlich funktionell orientierten Betrachtungsweise, bei der neben morphologischen Untersuchungen vor allem Freilandbeobachtungen und Erfahrungen bei der Haltung von Beizvögeln Berücksichtigung finden.

3. Die ökologische Trennung zwischen Jagd- und Wanderfalken

Über den Charakter der ökologischen Trennung zwischen der Gruppe der Jagd- und der Wanderfalken bestehen nach Literaturangaben (VOOUS 1962, MOŠANSKY 1968; GLUTZ v. BLOTZHEIM, BAUER und BEZZEL 1971) keine klaren Vorstellungen, was mit darauf zurückzuführen ist, daß über die Art ihres Nahrungserwerbes kaum Untersuchungen vorliegen und schematisch durchgeführte Ernährungskontrollen ohne Berücksichtigung dieses Aspektes teilweise die Verwirrung noch erhöhen. In bezug auf die Jagdweise und das Beutetierspektrum ergeben sich folgende Schlüsse:

Jagdfalken

Ganz gleich, welcher Form die beobachteten Jagdfalken angehören, zeigen sie immer weitgehende Übereinstimmung in der Flug- und Jagdweise. Ihr Flug ist charakterisiert durch:

1. Relativ geringe Schlagfrequenz (2,8—3,8 Schläge/s im normalen Streckenflug), durch die der Eindruck eines Gleiters erweckt wird („schwimmender Flug").
2. Hohe Anfangsbeschleunigung.
3. Relativ geringe Absolutgeschwindigkeit (beim Saker schätzungsweise 120 bis 150 km/h).
4. Große Wendigkeit.

Beim typischen Jagdflug sind zu beobachten:

1. Heranpirschen an die Beutetiere unter Ausnutzung des Geländecharakters.
2. Schnell beschleunigter und bei der Vogeljagd ausdauernder Verfolgungsflug.
3. Horizontal- bzw. Flachstoß im Winkel unter 45°.

Erbeutet werden zum überwiegenden Teil sich am Boden oder in Bodennähe aufhaltende Vögel (Hühner, Flughühner, Tauben) oder Kleinsäuger, die auf vegetationsarmen Terrain leben (Ziesel, Pfeifhasen, Lemminge). Letztere werden vom Falken im schnellen Darüberhinflug mitgerissen (Messungen ergaben beim Saker dabei 40—70 km/h; HENNERSDORF). Sobald eine reichere und höhere Bodenvegetation vorliegt, wird diese Jagdweise unergiebig bzw unmöglich. Hier hat dann teilweise auf die gleichen Beutetiere ein langsamerer Jäger (Bussard oder Adler) mehr Erfolg. Das oft gemeinsame Vorkommen von Saker und Kaiseradler oder Adlerbussard sowie von Gerfalke und Rauhfußbussard wird so erklärlich. Dort, wo für Jagdfalken auf Grund dieser Verhältnisse über weite Räume Nager nicht erreichbar sind (oder nicht vorkommen), fehlt ihnen zumeist auch ernährungsmäßig die Existenzgrundlage.

Wanderfalken

Der Flug dieser Falken weist demgegenüber folgende Besonderheiten auf:

1. Hohe Schlagfrequenz (4,4 Schläge/s im normalen Streckenflug; BAKER 1967).
2. Im Horizontalflug relativ geringe Beschleunigung.

3. Unter Nutzung der Fallbeschleunigung aus großer Höhe ungeheure Spitzengeschwindigkeiten erreichend (auf kurzen Strecken bis 350 km/h; HANTGE 1968).[1]
4. Nur beschränkte Wendigkeit.

Beim typischen Jagdflug sind zu beobachten:

1. Anjagen von Beutetieren im freien Luftraum über weite Entfernungen.
2. Zum Stoß wird aus überhöhter Position angesetzt.
3. Die Beute wird aus dem Steil- oder steilem Schrägstoß heraus geschlagen.

Erbeutet werden in erster Linie Vögel. Lokal können auch Flattertiere eine gewisse Rolle spielen. Für das Ergreifen solcher spezifisch leichten Flugtiere eignen sich die langen Zehen gut, während zum Erbeuten von Säugern den Jagdfalken ihre kürzeren und kompakteren Fänge besser zustatten kommen. Solche funktionell bedingten Tendenzen zeichnen sich auch bei anderen Greifvögeln ab (z. B. Baum- und Turmfalke).

Der Körperbau beider Falkengruppen bildet somit im fast technischen Sinne die Voraussetzung für die Realisierung dieser Flugeigenschaften sowie Jagdformen und ist als Ausdruck einer Anpassung an verschiedene Jagdräume anzusehen. Einer hierauf basierenden Einordnung entsprechend nehmen sie folgende funktionelle Positionen ein:

Jagdfalken:	Mittelgroße Verfolgungsjäger des bodennahen Raumes im offenen Gelände.
Wanderfalken:	Mittelgroße Jäger des freien Luftraumes.

Eine direkte Konkurrenz besteht somit zwischen Jagd- und Wanderfalken bei der vertikalen Trennung der Jagdräume in bezug auf die Ernährung nicht. Falls auf den Beutelisten die gleichen Arten, wenn auch meist zu anderen Anteilen, auftreten, so wurden sie doch in der Regel auf verschiedene Weise geschlagen. Zumeist hat aber der unterschiedliche Jagdstil ein völlig anderes Beutespektrum zur Folge. Die bisweilen bestehende Horstplatzkonkurrenz ist demgegenüber von sekundärer Natur und wirkt sich in keiner Weise über größere Räume beschränkend auf das Vorkommen aus.

Einen gewissen Sonderfall stellen die Lanner Südosteuropas dar. Während der Jagdraum der Jagdfalken in der Regel horizontal angelegt ist, weist ihr Hauptjagdgebiet, die „Vogelberge" des Südens, mit Felsentauben, Dohlen und Kleinfalken (MEBS 1959) einen vertikalen Aufbau auf. Es wird schon deshalb nicht von Schnee abgedeckt (wie etwa die Steppe) und gewährleistet so ein kontinuierliches Nahrungsangebot. Eine ähnliche Struktur haben auch die nördlichen Vogelberge mit ihren Seevogelbrutplätzen, die einigen Gerfalkenpopulationen das zur Jungenaufzucht erforderliche Nahrungsüberangebot garantieren.

Nach BAUMGART, FISCHER und ZENKER (1972) sind die Jagdräume der verbreitetsten und wichtigsten europäischen Greifvögel funktionell wie folgt aufgegliedert:

[1] In Falknerkreisen wird häufig die Meinung vertreten, der Gerfalke sei der schnellste Falke. Diese wohl vor allem auf die Beizerfolge WALLERs (1937) bei Birkwild zurückgehende Meinung ist falsch und in einer Verwechslung von Beschleunigung und Geschwindigkeit begründet. Darüber hinaus wird sie scheinbar noch durch die während der Beizjagd vorliegenden Verhältnisse gestützt, denn diese findet stets mehr oder weniger im bodennahen Raum statt, wo der Wanderfalke seine Möglichkeiten nicht voll ausspielen kann.

<table>
<tr><th></th><th>gedecktes Gelände</th><th>offenes Gelände</th></tr>
<tr><td>freier Luftraum</td><td colspan="2">Wanderfalke – Baumfalke</td></tr>
<tr><td>bodennaher Raum</td><td>Habicht – Sperber</td><td>Jagdfalke – Merlin</td></tr>
<tr><td>niedere Bodenvegetation</td><td colspan="2">Mäusebussard – Turmfalke</td></tr>
</table>

Aus dieser Übersicht werden die Prinzipien der vertikalen Gliederung des vorhandenen Gesamtjagdraumes offensichtlich.

Während der Jagdraum des Wanderfalken praktisch überall vorliegt und er in allen Landschaftsformen auftreten kann, sofern die erforderliche minimale Beutetierdichte erreicht wird, fehlen Jagdfalken dort, wo eine geschlossene, höhere Vegetationsdecke vorhanden ist. Sie treten jedoch auch im offenen Gelände nicht überall auf, sondern bleiben als Brutvögel auf Gebiete mit äußerst spärlicher Bodenvegetation (Tundra, Kammlagen von Hochgebirgen, Steppen und Halbwüsten) beschränkt. Limitierend wirkt sich diesbezüglich die Ernährungslage aus. In der Regel ist für Jagdfalken die erforderliche minimale Beutetierdichte nur dort gewährleistet, wo der bodennahe Raum bis unmittelbar in Erdbodennähe vegetationslos bleibt und sie unter Beibehaltung ihrer Jagdweise als eigentliche Flugjäger hier lebende größere Nager (und auch Vögel) mit zu ihrer Ernährung nutzen können. Für unsere engere Heimat, die wohl seit Jahrtausenden von mehr oder weniger geschlossenen Wäldern bedeckt war, erscheint rein ökologisch das Vorkommen einer Jagdfalkenform in historischer Zeit wenig wahrscheinlich. Dagegen bietet sie den in die gleiche Größenordnung gehörenden Habicht, der sich als wesentlich startschneller und wendiger, dafür aber weniger ausdauernd erweist, einen optimalen Jagd- und Lebensraum. Habicht und Jagdfalken schließen sich vom Prinzip her im Vorkommen gegenseitig aus, können aber beide gleichermaßen neben dem Wanderfalken vorkommen. In gemischten Landschaften Südosteuropas ist aber beispielsweise bei einem Wechsel von Wald und Steppe oder von Hangwald und kahlen Kammlagen ein Durchbrechen dieser Regel und eine teilweise enge Brutnachbarschaft durchaus möglich. Natürlich wird dann aber in unterschiedlichen Gebieten gejagt.

4. Der Anpassungswert der einzelnen morphologischen Merkmale

Durch ihren Körperbau sind Jagd- und Wanderfalken, wie auch andere Greifvögel, hervorragend an den Nahrungserwerb in bestimmten Jagdräumen angepaßt. Wenn sie aber nun gleichrangige funktionelle Positionen einnehmen, warum variieren dann Jagdfalken in ihrem Äußeren so stark, während Wanderfalken sich durch weitgehende Einheitlichkeit auszeichnen? Verschiedenheiten liegen vor allem in bezug auf die Größe, die Färbung und die Zeichnung vor. Sie sollen hier unter besonderer Berücksichtigung der Jagdfalken einer funktionellen Betrachtung und Wertung unterzogen werden.

4.1. Größe (Gewicht)

Durch seine Größe (sein Gewicht) ist ein Greifvogel in bezug auf zwei für ihn grundlegende, im umgekehrt proportionalen Verhältnis zueinander stehende Kriterien charakterisiert: in bezug auf seine Stärke und seine Wendigkeit. Das Vermögen zum Meistern größerer Beutetiere mit zunehmender Größe geht immer auf Kosten eines Verlustes an Wendigkeit und umgekehrt. Hieraus läßt sich der Grundsatz ableiten „So klein als möglich, so groß wie nötig". Eine Greifvogelpopulation muß folglich größenmäßig optimal auf das in ihrem Areal vorliegende Beuteangebot eingestellt sein, was auf der Basis von Selektionsprozessen denkbar ist. Die optimale Größe aufweisenden Exemplare haben auch den höchsten Jagderfolg.[2]

Für die Beziehung zwischen der Größe des Jägers und der des Beutetieres spricht darüber hinaus auch der ausgeprägte geschlechtsabhängige Größenunterschied bei den als Verfolgungsjäger innerhalb begrenzter Territorien lebenden Greifvögeln, wodurch eine effektivere Nutzung des vorhandenen Nahrungsangebotes erreicht wird. Daß die Wanderfalken den Geschlechtsdimorphismus in ausgeprägterer Form als die Jagdfalken zeigen, weist sie in höherem Grade als Verfolgungsjäger aus. Zum anderen wird so erklärlich, warum ein Jagdraum von mehreren Greifvogelarten unterschiedlicher Dimension genutzt werden muß, die als Artenpaare auftreten.

Ohne das Jäger-Beutetier-Verhältnis von allen Seiten beleuchten zu wollen, seien an dieser Stelle die Gewichte der einzelnen Falkenformen denen der wichtigsten Beutevögel gegenübergestellt (Angaben in g nach GAWRIN und Mitarbeiter 1962[3], HEINROTH, O. u. M., 1967[4], MEBS 1972[5]).

Gerfalke	♂ 800–1100[5]	Moorschneehuhn 630–730[3], Alpenschneehuhn 400–500[3]
	♀ 1300–1700[5]	
Saker	♂ 600– 800[5]	Flughühner 250–450[3], Rebhuhn 375–450[4]
	♀ 1000–1300[5]	
Lanner	♂ 500– 600[5]	Felsentauben 300[4], Dohlen 225–250[4], Rötelfalken 150[5]
	♀ 700– 900[5]	
Wanderfalke	♂ 550– 700	Tauben 300–400[4]
	♀ 900–1100	

Aus dieser orientierenden Übersicht zeichnet sich eine deutliche Korrelation zwischen den Gewichten von Jäger und Beute ab, die durch ein Verhältnis von 100 : 30–45 charakterisiert ist. Bei den Jagdfalken sinkt die Größe von Norden nach Süden parallel mit den gleichen Tendenzen bei den Beutetieren. Die im Norden Europas und Asiens ansässigen Wanderfalken sind gleichfalls größer. Ein Durchbrechen der BERGMANNschen Regel zeichnet sich aber in Nordamerika ab, wo die vornehmlich von Limikolen und Sperlingsvögeln lebenden Tundrawanderfalken kleiner als südlichere Rassen sind (FISCHER 1972).

4.2. Färbung

In bezug auf die Färbung erreichen die Jagdfalken wohl den höchsten Grad ihrer Vielfalt. Dabei bestehen innerhalb der einzelnen Gruppen teilweise erheblich größere Unterschiede als zwischen den verschiedenen geographischen Formen. Besonders auffällige Extreme sind der rein weiße und der dunkel schwarzbraune Gerfalke. Beim Saker herrschen braune Töne vor, jedoch kommen neben dunkel schokoladenbraunen oder graubraunen auch helle braungelbliche Stücke vor. Lanner weisen demgegenüber neben graubraunen vor allem blaugraue Oberseiten und helle Unterseiten auf, während der Scheitel stets mehr oder weniger rötlichgelb gefärbt ist.

[2] In diesem Zusammenhang ist noch darauf zu verweisen, daß alle hier behandelten Falken ihr eigenes Körpergewicht teilweise um ein mehrfaches übersteigende Beutetiere zu schlagen vermögen. Als Nahrung für die Nestlinge, d. h. als Nahrungsgrundlage für eine erfolgreiche Reproduktion kommen aber nur solche Beutetiere in Betracht, die unzerkleinert über weitere Entfernungen zum Horst getragen werden können.

Wanderfalken sind demgegenüber weitaus einheitlicher und im Alter oberseits blaugrau, unterseits dagegen hell mit unterschiedlicher Tönung.

Funktionelle Aspekte für die Klärung dieser Erscheinung ergeben sich wiederum bei einer Betrachtung der Jagdweise beider Falkengruppen. Den sich in Bodennähe an ihre Beute heranpirschenden Jagdfalken kommt eine Tarnung sehr zustatten. Ob sie auch einer Schutzfärbung bedürfen, soll dahingestellt bleiben. Für die einzelnen Regionen ergeben sich folgende Optimallösungen, die jedoch im Einzelfall nicht immer voll realisiert sind:

Polargebiet:	weiß und grau
Nordische Waldtundra und Hochgebirgslagen:	grau und dunkel graubraun
Steppen und Wüsten:	braun und gelbbraun
Felsgebiete südlicher Breiten:	graubraun und blaugrau

Wanderfalken benötigen ihrerseits bei der Jagd keine derart terrainangepaßte Tarnung. Während der Jagd im freien Luftraum über weite Entfernungen wird das Moment überragender Geschwindigkeit voll ausgespielt. Die dunkle Oberseite läßt den Falken jedoch bei einer Betrachtung von oben oder im Fels sitzend wenig auffällig erscheinen, wie andererseits die helle Unterseite den hoch am Himmel fliegenden Vogel für einen tiefer plazierten Betrachter weitgehend unkenntlich macht.

4.3. Zeichnung

Während sich hinsichtlich der Grundfärbung funktionelle Bezüge eindeutig ableiten lassen, gestalten sich die Verhältnisse in bezug auf die Zeichnungsmerkmale ohne Kenntnis ihrer Bedeutung wenig übersichtlich. An anderer Stelle (BAUMGART 1974, a) wurde bereits auf den Signalgehalt von Gefiedermerkmalen bei Greifvögeln eingegangen. Dabei ergab sich als grundlegende Feststellung, daß bei mittelgroßen Greifvögeln

1. der Querbänderung eine stark drohende und aggressionsauslösende Wirkung zukommt und sie deshalb nur von standorttreuen, ganzjährig territorial intoleranten Altvögeln getragen wird (Stationäres Distanzkleid);
2. die Längsfleckung weniger drohend und aggressionsauslösend ist und deshalb von Arten, die als Zug- oder Strichvögel leben, sich untereinander aber stets distanziert verhalten, sowie im Jugendkleid der unter 1. genannten Arten (Jugendstrich) getragen wird (Mobiles Distanzkleid).

Da das Sozialverhalten vom Verteilungsmodus der Nahrung (Geselligkeit bei verballt, Territorialverhalten bei verteilt vorliegendem Nahrungsangebot) und das Zugverhalten von der Kontinuität im Nahrungsanfall abhängt, spiegeln diese Zeichnungsmerkmale die konkreten Lebensbedingungen der Greifvögel wider. Wandelt sich der Verteilungsmodus der Nahrung, so wird der Signalstatus des Gefieders den neuen Verhältnissen angepaßt. Bei einer Signalreduzierung (Übergang zur geselligen Lebensweise = Geselligkeitskleid) kann es zur Phasenausbildung kommen, denn die permanent wirksamen Zeichnungsmerkmale müssen dem geringsten Distanzierungsgrad zwischen zwei Mausern entsprechen. Zeitweilig erforderliche höhere Distanzierungsgrade (z. B. Revieranzeige während der Balz) werden dann durch nicht permanent wirksame Signalformen ausgedrückt (Rufe, Flugspiele), die jedoch energieaufwendiger sind und daher erst ausgebildet werden, wenn optische wegen ihrer permanenten Präsenz nicht einsetzbar sind. Während die distanzierenden Signale meist auf der Unterseite plaziert sind und beim Hochkreisen demonstriert werden, fungiert der Kopf als Träger artanzeigender Signale. Die in der Regel neutrale Oberseite sichert dem außerhalb seines Reviers tief fliegenden Vogel die Anonymität.

Unter Zugrundelegung dieser Sachverhalte lassen sich die Gefiedermerkmale der hier behandelten Falken wie folgt interpretieren.

Lanner leben zum überwiegenden Teil als Standvögel, was sich in der Ausbildung eines auffälligen, farbenfreudigen und Ansätze eines Querbänderung aufweisenden Alterskleides (Stationäres Distanzkleid) und eines weniger auffälligen Jugendkleides mit unterseitiger Längsfleckung (Mobiles Distanzkleid) darstellt.

Die immer mehr oder weniger zum Ziehen oder Streichen gezwungenen westlichen Formen des Sakers tragen demgegenüber sowohl in der Jugend als auch im Alter ein annähernd gleiches Kleid, das dem Jugendkleid des Lanners ähnelt (Mobiles Distanzkleid). Die zentralasiatischen östlichen Saker können dagegen aufgrund des hier herrschenden Kontinentalklimas und der schneearmen Winter zum erheblichen Teil im Brutareal ausharren (SCHÄFER 1938). Bei ihnen sind Alters- und Jugendkleid wieder verschiedener, wobei der Übergang von westlichen zu östlichen Sakern klinal erfolgt, was an zwei einstmals voneinander getrennte Verbreitungsgebiete denken läßt. Das lannerartige Äußere vieler südosteuropäischer und kleinasiatischer Saker muß nicht zwangsläufig auf eine Vermischung beider Formen zurückgeführt werden. Es dürfte vielmehr darauf beruhen, daß die Vögel der dortigen Populationen aufgrund günstigerer Ernährungsbedingungen zu hohen Anteilen in ihrer engeren Heimat überwintern. Demgegenüber ist die gebietsweise auftretende, ehemals als Altai-Gerfalke bezeichnete Form wahrscheinlich ein „signalreduzierter" Saker, bei dem außerhalb der Brutzeit Züge eines geselligen Verhaltens zu erwarten sind.

Ähnliches trifft auch für die Gerfalken zu, die im Polarwinter offenbar an nahrungsgünstigen Örtlichkeiten in größerer Zahl unter Aufgabe des zur Brutzeit gezeigten Territorialverhaltens zusammenrücken und vielfach kaum noch distanzierende Signalstrukturen zeigen (Geselligkeitskleid). Die schon beim Saker auftretende Phasenausbildung ist bei ihnen in extremer Form zu verzeichnen.

Da beim Saker während der Balz zur Demonstration der dann zu beobachtenden territorialen Intoleranz die im Gefieder angelegten Signalstrukturen nicht sonderlich eindeutig sind und für die Artanzeige und zur Demonstration des Revierverhaltens nicht ausreichen, wird ein seeschwalbenartiger Imponierflug ausgeführt, der auch beim Gerfalken, nicht aber beim Lanner zu erwarten ist.

Während als artanzeigende Signale bei Jagdfalken der dünne Bartstreif und die rötlich-gelbe Kappe fungieren, tragen Wanderfalken bei insgesamt dunkler Kopffärbung einen kräftigen, im Kontrast zur hellen Wange stehenden Bartstreif. Wanderfalken sind immer ungesellig und noch in unseren Breiten ausgesprochen standorttreu, was durch den deutlichen Unterschied zwischen Alters- und Jugendkleid (Stationäres bzw. Mobiles Distanzkleid) unterstrichen wird. Die Querbänderung der Unterseite von alten Wanderfalken ist der des Habichts vergleichbar. Nordische Wanderfalken sind Zugvögel. Da sie im Winter in Gebiete von Standpopulationen eindringen müssen, erweist sich eine Reduzierung des Signalgehaltes (weniger starke Aggressionsauslösung) als lebensnotwendig, weshalb diese Falken unterseits meist sehr hell mit nur angedeuteter Zeichnung sind. Der im nordpazifischen Küstengebiet Amerikas auch außerhalb der Brutzeit ausharrende Peals Falke *(Falco peregrinus pealei)* ist demgegenüber trotz der nördlichen Lage seiner Heimat unterseits kontrastreich gebändert. Da Wanderfalken im Alter immer eindeutig an Gefiedermerkmalen zu erkennen sind, führen sie keinen artspezifischen „Signalflug" aus.

Obwohl an dieser Stelle nicht auf alle Beziehungen zwischen Lebensweise und Signalstrukturen eingegangen werden kann und andererseits auch noch eine Reihe von Fragen der Klärung bedarf, sind doch die grundsätzlichen Zusammenhänge offensichtlich. Funktionelle Abhängigkeiten ergeben sich nicht nur in bezug auf Körperbau und Größe, sondern auch hinsichtlich Färbung und Zeichnung, die regelrecht einen „praktischen Gebrauchswert" haben.

5. Zur Phylogenese paläarktischer Großfalken

Die Frage der Phylogenese paläarktischer Großfalken wurde unter anderem von KLEINSCHMIDT (1923–37), STEGMANN (1929), KORELOW (1962) und KOSLOWA (1965) mit recht unterschiedlichem Ergebnis behandelt. Ganz allgemein werden dabei die Jagdfalken als „primitiver" als die Wanderfalken beurteilt. Als „progressive" Merkmale gelten ein deutlicher Unterschied zwischen Alters- und Jugendkleid, Zeichnungsreduzierung der Unterseite, blaugraue Tönung der Oberseite, enges Beutetierspektrum u. a. Aufgrund einer solchen Betrachtungsweise werden wiederum die Saker als „primitivste" Gruppe unter den Jagdfalken angesehen, während STEGMANN (1929) die Peals Falken als primitive Wanderfalken beurteilte, die über die afrikanischen Lanner Wander- und Jagdfalken miteinander verbinden.

Durch eine funktionelle Betrachtungsweise werden nun diese Feststellungen in ihrer Gesamtheit in Frage gestellt. Unter dem Aspekt der Anpassung an unterschiedliche Jagdräume ist es nicht haltbar, die Jagdfalken als primitiver als die Wanderfalken einzustufen, sind sie doch nur in einer anderen Richtung spezialisiert und auch zu Leistungen befähigt, die Wanderfalken nicht erbringen können.

Darüber hinaus ist jede einzelne Form an die spezifischen Bedingungen im bewohnten Lebensraum angepaßt und stellt in sich eine Optimallösung dar. Auch zoogeographische Vorstellungen werden dadurch in hohem Grade anfechtbar. So faßte KLEINSCHMIDT (1958) beispielsweise den Präriefalken als „kleinen Würgfalken" auf, der vor der Eiszeit über die Behringstraße nach Nordamerika eingewandert sei. Aus der Sicht dieser Darstellung müssen dagegen beide als Formen des Jagdfalken bewertet werden, deren Ähnlichkeit im Äußeren auf gleiche Lebensbedingungen zurückzuführen ist, ohne daß sie unmittelbar auseinander hervorgegangen sein müssen.

Rein überlegungsmäßig leuchtet es ein, daß die Jagdfalken früher existiert haben als die Wanderfalken, da in ihrem Jagdraum eher das erforderliche minimale Beutetierangebot vorgelegen haben könnte, während der freie Luftraum erst später mit für den Wanderfalken geeigneten Beutetieren besiedelt worden sein dürfte. Wahrscheinlich hat sich dann ein ohnehin perfekt fliegender Falke an diese Bedingungen angepaßt, wobei auch an einen Jagdfalken gedacht werden muß.

Dieser klar gerichtete und motivierte Prozeß widerlegt die These einer „Entwicklung an sich". Die Suche nach Übergangsformen verspricht aber wenig Erfolg, da diese, als noch nicht optimal an den neu entstandenen Jagdraum angepaßt, wenig stabil waren und nur relativ kurze Zeit existiert haben können (der Übergang aus der alten in die neue Qualität ist sprunghaft). Ein direkter Beweis für diese Überlegungen wird daher kaum anzutreten sein.

6. Bezugspunkte für eine neue taxonomische Untergliederung paläarktischer Großfalken

Bei einer funktionell orientierten Betrachtung von Jagd- und Wanderfalken wird offenbar, daß sie sich in bezug auf den Jagdraum grundsätzlich unterscheiden. Die innerhalb beider Gruppen bestehenden und zu einer Zusammenfassung in „Formkreise“ Veranlassung gebenden Übereinstimmungen im Körperbau sind die Folge einer Anpassung an spezifische Bedingungen des Nahrungserwerbes. Während die Unterschiede zwischen der Gruppe der Jagd- und der Wanderfalken grundsätzlich qualitativer Natur und unüberbrückbar sind, bestehen zwischen den einzelnen Jagd- und Wanderfalkenformen jeweils nur quantitative Differenzen, die sich in fließenden Übergängen äußern. Die durchschnittliche Größe der Beutetiere, der Charakter des Lebensraumes und das von Verteilungsmodus und Kontinuität im Nahrungsangebot beeinflußte Sozial- und Zugverhalten bestimmen Größe, Färbung und Zeichnung der Falken.

Während, bedingt durch die geringeren Abweichungen in den Lebensbedingungen, die Wanderfalken große Einheitlichkeit in ihrem Äußeren zeigen und bei der Geschlossenheit des paläarktischen Verbreitungsgebietes die Übergänge in breiter Front fließend sind, können die Jagdfalken in Abhängigkeit von den getrennten Verbreitungszonen in mehrere Gruppen untergliedert werden, zwischen denen nur lokal Übergangsformen registrierbar sind. Zwischen Gerfalken und Sakern vermitteln die zentralasiatischen Hochgebirgs-Saker, zwischen Sakern und Lannern einzelne Populationen des Balkans und Kleinasiens.

Davon ausgehend, daß funktionell bedingte Merkmale zur Beurteilung verwandtschaftlicher Beziehungen nur mit Vorbehalten herangezogen werden sollten, sind die diesbezüglich bei den paläarktischen Großfalken bisher zugrundegelegten Kriterien, d. h. vor allem Färbungs- und Zeichnungsmerkmale, relativ wertlos und kaum aussagekräftig. Lediglich den Signalen zur differenzierten Artanzeige kann in dieser Hinsicht ein gewisser Wert beigemessen werden. Dabei überrascht nicht, daß bei allen Jagdfalkenformen Stücke mit rötlich-gelblicher Kopfplatte und schmalem Bartstreif als artanzeigende Signalstruktur vorkommen.

Die Notwendigkeit zur Trennung von Jagd- und Wanderfalken wird durch die höhere Effektivität beim Nahrungserwerb begründet. Bastarde zwischen ihnen mit intermediärem Körperbau hätten weder im bodennahen Raum noch im freien Luftraum den Jagderfolg der Ausgangsformen. Hier liegt folglich ein Bezug auf unterschiedliche Optimallösungen und ein Zwang zur reproduktiven Isolation vor.

Ob zwischen den einzelnen Jagd- und Wanderfalkenformen eine reproduktive Isolation besteht, wird in der Praxis kaum zu ermitteln sein. Wahrscheinlich ist es aber ebenso schwer, arktische mit mitteleuropäischen Wanderfalken zur Fortpflanzung zu bringen wie Gerfalken mit Sakern, was weniger auf Unterschieden im Äußeren als in der Brutbiologie begründet sein dürfte. Während bei unseren heimischen Wanderfalken beispielsweise ein langdauernder Partnerkontakt vor dem Brutbeginn vorliegt, meist sogar eine „Dauerehe“ besteht, zeitigen arktische Wanderfalken bereits 14 Tage nach Ankunft im Brutgebiet ein Gelege, in der Regel jedoch Monate später als erstere (FISCHER 1968). Andererseits gelang gerade in letzter Zeit wiederholt eine aufsehenerregende Gefangenschaftszucht zwischen einem Wanderfalken-♂ und einem Saker-♀ (MORRIS und STEVENS 1971) und auch in Freiheit treten unter besonderen Umständen so paarartig zusammenhaltende unterschiedliche Partner auf (BAUMGART 1971).

Faßt man nun die bisher getroffenen Feststellungen zusammen, so zeigt sich, daß bei Falken, wie auch bei anderen Greifen, die funktionelle Position als grundlegendes und einziges objektivierbares Kriterium für die Beurteilung der taxonomischen Stellung angesehen werden kann. Die Übereinstimmung in den Körperproportionen ist der morphologische Ausdruck dieser Verhältnisse und für eine entsprechende Einschätzung von größtem Wert. Auf der Basis dieser primären Grundbezugsgröße kann dann gewissermaßen als Überbau eine Vielzahl unterschiedlicher Lokalformen existieren, die sich geographisch vertreten, jedoch nicht nebeneinander vorkommen können, da unter den konkreten Lebensbedingungen nur immer ein optimales Anpassungsziel besteht, die einzelnen Formen aber graduell unterschiedliche Lösungen präsentieren.

Trotz teilweise erheblicher Abweichungen im Äußeren ist die Vereinigung aller dieser Formen in einer Art die logische Konsequenz dieser Anschauung. Wir kommen daher nicht umhin, auch bei den Jagd- und Wanderfalken so zu verfahren. Auf die sich hieraus ergebenden nomenklatorischen Fragen soll an dieser Stelle nicht weiter eingegangen werden.

Hierin zeichnet sich auch eine umfassendere und zugleich abstrahiertere Definition des Artbegriffes ab. Für die Beurteilung der artlichen Selbständigkeit kann nicht die Frage nach den artisolierenden Mechanismen die Grundlage sein. Unter Berücksichtigung aller für die Existenz einer Art wichtigen Kriterien muß vielmehr geklärt werden, was zur reproduktiven Isolation zwingt, wobei klar zwischen nur quantitativen und qualitativen Schritten zu unterscheiden ist. Die reproduktive Isolation, auf welchem Wege sie auch erreicht wird, ist immer nur ein Mittel zur Reinhaltung der in einer Art realisierten optimalen Systemlösung.

Betrachtungen, die die funktionelle Position zur Grundlage haben, bieten nun eine Vielzahl rationeller Schlüsse, ohne allerdings als wirklich abgeschlossen betrachtet werden zu können. Problematisch ist aus dieser Sicht die Bewertung der Anpassung geographisch isolierter Ausgangsformen unterschiedlicher Abstammung an die gleiche funktionelle Position, was beim Funktionsbezug morphologischer Merkmale einen hohen Grad an Ähnlichkeit im Äußeren zur Folge haben würde. Ein typisches Beispiel hierfür sind Haus- und Italiensperling *(Passer domesticus, Passer italiae)*. Bezogen auf die Falken wäre ein solches Verhältnis bei Saker und Präriefalke möglich, ohne daß hierfür bisher aber Anhaltspunkte vorliegen.

Zur Verdeutlichung eines weiteren Grenzfalles muß sogar ein Sachverhalt konstruiert werden. Der europäische Lanner ist, ganz allgemein gefaßt, die kontinuierlich versorgte, hauptsächlich von Vögeln lebende, standorttreue und permanent territorial intolerante, südliche Felsgebiete bewohnende Form des Jagdfalken. Demgegenüber stellt der osteuropäische Saker die diskontinuierlich versorgte (da hauptsächlich von Nagern[6] lebende), zum Ziehen oder Umherstreifen während der kalten Jahreszeit gezwungene Steppenform des Jagdfalken dar. Das Verbreitungsgebiet des Sakers überlappt sich zum großen Teil mit dem des Ziesels, der jedoch nirgends bis in das Areal des Lanners vordringt, was eine Trennung von Lanner und Saker zur Folge hat. Angenommen, es gäbe aber beispielsweise in Dalmatien auch Ziesel, so wäre der Fall denkbar, daß hier Lanner als Stand- und Saker als Zug- oder Strichvögel nebeneinander brüten könnten, sofern es nicht, was in Kleinasien evtl. der Fall ist, zur Ausbildung einer Übergangsform kommt. Im ersteren Falle würden dann trotz

[6] Nagetiere, die während der kalten Jahreszeit Winterschlaf halten.

gleicher funktioneller Position zwei verschiedene Formen nebeneinander bestehen, die ihre Existenz zeitlichen Differenzen im Nahrungsangebot zu verdanken hätten. Damit wäre neben der funktionellen Position auch der Zeitfaktor als weiteres Grundelement für die Beurteilung des Artstatus in Erwägung zu ziehen. Praktisch liegen wahrscheinlich derartige Verhältnisse bei Sperlingen *(Passer domesticus, P. italiae, P. hispaniolensis)* und Großmöwen *(Larus marinus* und *L. hyperboreus* bzw *L. fuscus, L. argentatus* und *L. glaucoides)* vor, deren taxonomische Beurteilung offenbar deshalb solche Schwierigkeiten bereitet, weil die Rolle zeitlicher Ordnungsprinzipien diesbezüglich noch nicht in der ihr zukommenden Bedeutung erfaßt worden ist.

Zusammenfassung

Jagd- und Wanderfalken unterscheiden sich ökologisch durch den Nahrungserwerb in verschiedenen Jagdräumen (bodennaher Raum im offenen Gelände bzw. freier Luftraum). Die Konstanz in den Relationen der Körperproportionen ist primär Ausdruck der Anpassung an diese Verhältnisse. Weitere morphologische Merkmale werden von der Durchschnittsgröße des Beutetierangebotes (Körpergröße), dem Charakter des Lebensraumes (Grundfärbung) sowie dem Sozial- und Zugverhalten (Gefiederzeichnung) im jeweiligen Teilareal grundlegend beeinflußt. In Abhängigkeit von der geographischen Lage wechselnde Lebensbedingungen haben eine Abwandlung der einzelnen Merkmale zur Folge.

Während zwischen Jagdfalken und Wanderfalken grundsätzliche qualitative Unterschiede bestehen, die zur reproduktiven Isolation aus Gründen der optimalen Effektivität im Nahrungserwerb zwingen, sind die einzelnen geographischen Formen beider Arten nur quantitativ verschieden und als Rassen zu betrachten.

Bestehende Vorstellungen über die Phylogenese und Zoogeographie der Großfalken werden einer kritischen Wertung unterzogen.

Summary

THE IMPORTANCE OF FUNCTIONAL CRITERIONS FOR THE EVALUATION OF THE TAXONOMIC POSITION OF PALAEARCTIC BIG FALCONS

Gyr falcons and peregrine falcons can ecologically be distinguished by their way of obtaining food in different hunting grounds (near the ground in an open field and in the free air space, respectively). The steadiness in the relations of the body-proportions is primary an expression of the adaptation to these conditions. Additional morphologic characteristics are fundamentally influenced by the average tallness of the bag-offer (body size), the character of the living space (ground-colour) as well as by the social- and migration-behaviour (feathers-drawing) in the corresponding spreading-territory. In dependence on the geographic position changing living conditions cause a modification of individual characteristics.

While there are fundamental qualitative differences between the gyr falcons and the peregrine falcons, which because of the optimal efficiency in getting food constrain to a reproductive isolation, the individual geographic forms of both species differ only in a quantitative manner and can be considered as races.

Present ideas of the phylogenesis and the zoogeography of the big falcons are critically evaluated.

Literatur

BAKER, J. A., 1967: The Peregrine. London.
BAUMGART, W., 1971: Beitrag zur Kenntnis der Greifvögel Bulgariens. — Beitr. Vogelkd., **17**, 33—70.
BAUMGART, W., 1974: Über die Ausbildung heller und dunkler Phasen bei Greifvögeln. — Falke, **21**, 376—385.
BAUMGART, W., a: Zur Signalfunktion von Gefiedermerkmalen bei Greifvögeln. — Beitr. Vogelkd. (im Druck).
BAUMGART, W., W. FISCHER und D. ZENKER, 1972: Über die funktionelle Stellung von Greifvögeln. — Jagdinformationen, **2**, 7—22.
CSÖRGEY, T., 1897): Der Würgfalke. — Aquila, **4**, 105—139.
DEMENTJEW, G. P., 1951, in: DEMENTJEW, G. P. und N. A. GLADKOW: Die Vögel der Sowjetunion, **1**, 100—114. Moskau. (Russ.)
DEMENTJEW, G. P. und A. SCHAGDARSUREN, 1965: Über die mongolischen Würgfalken und die taxonomische Stellung des Altai-Gerfalken. — Samml. der Arbeiten des Zoologischen Museums der Moskauer Staatlichen Universität, **9**, 3—37. (Russ.)
ENGELMANN, F., 1928: Die Raubvögel Europas. Neudamm.
FISCHER, W., 1968: Der Wanderfalk. Die Neue Brehm-Bücherei, H. 380. Wittenberg Lutherstadt.
FISCHER, W., 1972: Einige Bemerkungen zum Unterartenstatus nordamerikanischer Wanderfalken *(Falco peregrinus)*. — Beitr. Vogelkd., **18**, 214—248.
GAWRIN, W. F., I. A. DOLGUSCHIN, M. N. KORELOW und M. A. KRZYMINA, 1962: Die Vögel Kasachstans, Bd. 2. (Russ.)
GLUTZ v. BLOTZHEIM, U. N., K. BAUER und E. BEZZEL, 1971: Handbuch der Vögel Mitteleuropas, *Falconiformes* (Bd. 4).
HANTGE, E., 1968: Zum Beuteerwerb unserer Wanderfalken. — Orn. Mitt., **20**, 211 bis 217.
HEINROTH, O. und M. HEINROTH, 1967 (Nachdruck): Die Vögel Mitteleuropas. Leipzig.
KLEINSCHMIDT, O., 1901: Der Formkreis *Falco Hierofalco* und die Stellung des ungarischen Würgfalken in denselben. — Aquila, **8**, 1—49.
KLEINSCHMIDT, O., 1912—1927: *Falco Peregrinus*. — Berajah, Zoographia infinita.
KLEINSCHMIDT, O., 1923—1937: *Falco Hierofalco* (Kl.). — Berajah, Zoogr. infin.
KLEINSCHMIDT, O., 1933—1937: *Falco Peregrinus* II. — Berajah, Zoogr. infin.
KLEINSCHMIDT, O., Raubvögel und Eulen der Heimat. Wittenberg Lutherstadt.
KORELOW, M. N., 1962: *Falconiformes*. In: GAWRIN u. Mitarb.: Die Vögel Kasachstans, Bd. 2, 498—508. (Russ.)
KOSLOWA, E. W., 1969: Relations of the Saker falcon and the Jer-falcon and a tentative history of their migration. — Zool. Shurn., **48**, 1838—1851.
KUMERLOEVE, H., 1968: Zum Status des Würgfalken *(Falco cherrug* Gray, 1834) in Kleinasien. — Anz. orn. Ges. Bayern, **8**, 286—289.
KUMERLOEVE, H., 1972: Brutstatus der Greifvögel *(Falconiformes)* im vorderasiatischen Raum (Türkei—Syrien-Libanesische Republik). — Tier und Umwelt, **8** 10—22.
KURTH, D., 1972: Jagdfalken (Formengruppe: *Hierofalco)* — Systematik und Verbreitung. — Tier und Umwelt, **8**, 3—10.
MEINERTSHAGEN, R., 1954: Birds of Arabia. Edinburg/London.
MEBS, T., 1959: Beitrag zur Biologie des Feldeggsfalken *(Falco biarmicus feldeggi)*. — Vogelwelt, **80**, 142—149.
MEBS, T., 1972: Greifvögel Europas und Grundzüge der Falknerei. Stuttgart.
MORRIS, J. und R. STEVENS, 1971: Successful cross-breeding of a Peregrine Tiercel and a Saker-Falcon. — Capt. Breed. Diurn. Birds of Prey, **1**, 5—7.
MOŠANSKY, A., 1968: Zwischenartliche Beziehungen des Wanderfalken und des Würgfalken. — Biologia, **23**, 351—356. (Slowak.)
REISER, O., 1894: Materialien zu einer Ornis balcanica, 2, Bulgarien. Wien.
SCHÄFER, E., 1938: Ornithologische Ergebnisse zweier Forschungsreisen nach Tibet. — J. Orn., **86**, Sonderheft.
STEGMANN, B., 1929: Zur Phylogenese und Systematik der Edelfalken. — J. Orn., Erg.-Bd. 2, 143—154.

VALLON, G., 1913: Über zwei Veröffentlichungen des Prinzen Don Francesco Chigi über die Kleider der Falken. – Falco, **9**, 23–30.
VALLON, G., 1914: Besprechung von zwei Arbeiten des Professors Martorelli, welche den *Falco feldeggi* behandeln. – Falco, **10**, 1–9.
VOOUS, K., 1962: Die Vogelwelt Europas und ihre Verbreitung. Hamburg/Berlin.
WALLER, R., 1937: Der wilde Falk ist mein Gesell. Neudamm.

Anschrift des Autors:
Dr. W. Baumgart, DDR – 110 Berlin, Stiftsweg 27.

III-4-9-1450-1 105-19-74

ZOOLOGISCHE ABHANDLUNGEN

STAATLICHES MUSEUM FÜR TIERKUNDE IN DRESDEN

Bd. 33 Ausgegeben. 1. Dezember 1975 Nr. 21

Eine interessante Mißbildung bei einer Lacerta derjugini

(Reptilia, Squamata)

Mit 4 Abbildungen

WOLFGANG BISCHOFF

Magdeburg

Bei der Bearbeitung kaukasischer Lacerten aus der Sammlung des Staatlichen Museums für Tierkunde Dresden, für deren Überlassung ich Herrn F. J. OBST herzlich danke, fiel mir eine adulte, weibliche *Lacerta derjugini* auf, der das linke Vorderbein zu fehlen scheint. Das Tier mit der Sammlungs-Nr. MTKD D 7298 stammt aus der Umgebung von Abastumani in der Georgischen SSR und wurde von dem sowjetischen Herpetologen DAREWSKI im Juli 1970 gesammelt.

Das Bein sieht von oben betrachtet nur wie ein Hautauswuchs aus. Von unten hat man den Eindruck, daß es bis zum Ellenbogengelenk heraus- und dann wieder in den Körper zurückgewachsen ist. Da keinerlei Störungen in der Beschuppung dieser Region festzustellen sind, ist eine Verletzung als Ursache für diese Mißbildung auszuschließen. Von besonderem Interesse war nun eine röntgenologische Untersuchung dieser Region. Diese bestätigt tatsächlich die vom äußeren Eindruck her gegebene Vermutung. Der Unterarm wächst wirklich in den Körper zurück. Allerdings sind Ulna und Radius etwas degeneriert und laufen auseinander. Die gesamte Hand fehlt völlig. Die Röntgenaufnahme zeigt weiterhin, daß die ganze Schultergegend stark deformiert ist, was man äußerlich nicht erkennen kann.

Die Eidechse scheint durch die Deformation in keiner Weise behindert gewesen zu sein. Sie ist völlig ausgewachsen und durchaus kräftig.

Summary

AN INTERESTING MALFORMATION AT A SPECIMEN OF LACERTA DERJUGINI

A short notice about a malformation found at an adult female of *Lacerta derjugini* (U. S. S. R., Georgian S. S. R.) is given. The left foreleg is deformed in this way that the hand skeleton is absent entirely, and the forearm skeleton is connected with the body. The statement was secured by X-ray examination. There is no reason to believe that the malformation of this specimen could be the result of an injury.

Anschrift des Autors:

W. Bischoff, DDR — 301 Magdeburg, Fritz-Heckert-Straße 10

Abb. 1. Von oben erscheint die Mißbildung nur als Hautauswuchs. Foto: Autor

Abb. 2. Das mißgebildete Tier von der Seite. Foto: Autor

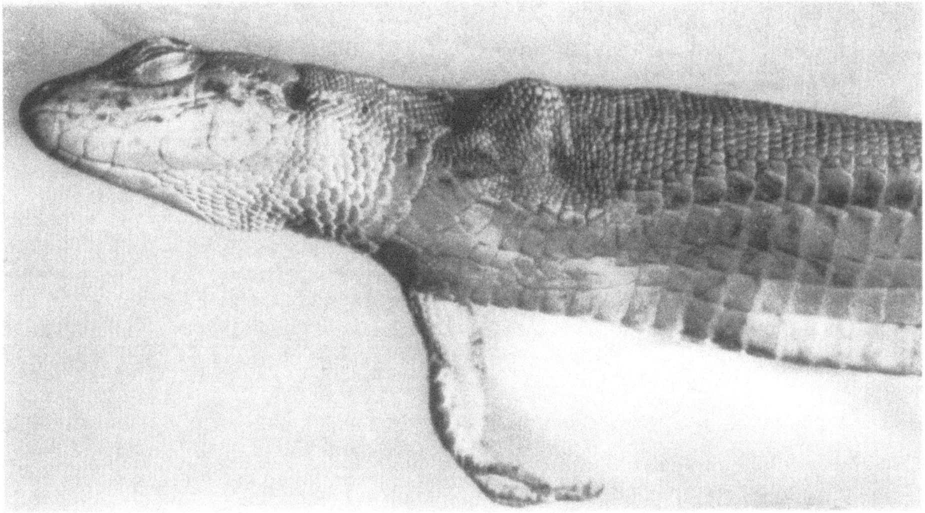

Abb. 3. Von unten entsteht schon äußerlich der Eindruck, daß das Bein vom Ellenbogen an in den Körper zurückgewachsen ist. Foto: Autor

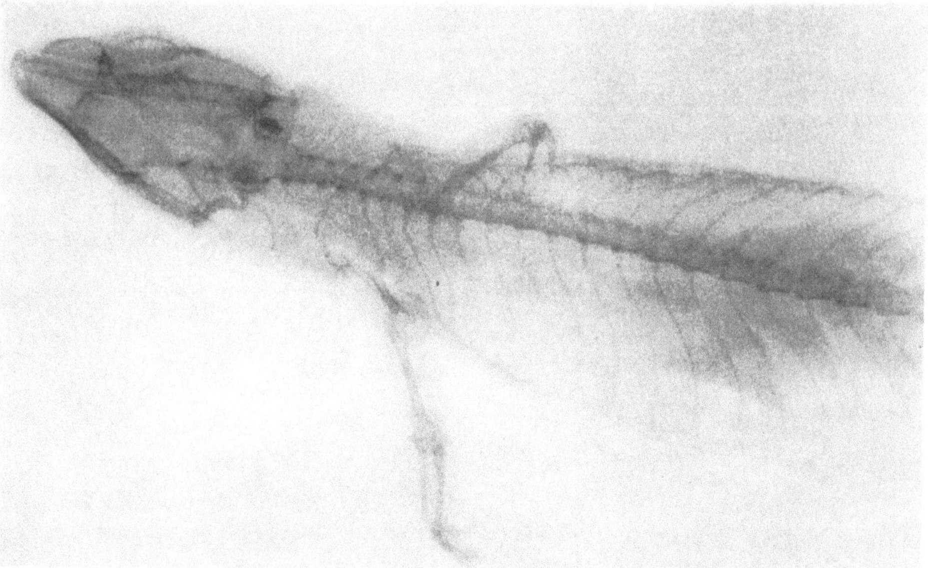

Abb. 4. Röntgenaufnahme der mißgebildeten Region von unten. Foto: H. DÖHRING/Dr. K. HENNIG, Magdeburg

III-4-9-1450-1 105-19-74

Staatliches Museum für Tierkunde in Dresden

Übersicht über die herausgegebenen Publikationen

Reichenbachia

Fachgebiet: Taxonomie (Neubeschreibungen, Revisionen und andere taxonomische Arbeiten mit geringem Umfang).

Tiergruppen: Insecta, Myriapoda, Arachnida.

Entomologische Abhandlungen

Fachgebiete: Taxonomie (Bestimmungstabellen, Monographien und andere taxonomische Arbeiten mit größerem Umfang), Phylogenie, Evolution, Morphologie, Anatomie, Biologie, Ökologie, Zoogeographie.

Tiergruppen: Insecta, Myriapoda, Arachnida.

Faunistische Abhandlungen

Fachgebiet: Faunistik. Diese Reihe dient auch zur Veröffentlichung faunistischer Kurzmitteilungen.

Tiergruppen: alle Gruppen mit Ausnahme der Protozoa.

Zoologische Abhandlungen

Fachgebiete: Taxonomie, Phylogenie, Evolution, Morphologie, Anatomie, Biologie, Ökologie, Zoogeographie.

Tiergruppen: Vertebrata; daneben Evertebrata mit Ausnahme der Insecta, Myriapoda, Arachnida, Mollusca und Protozoa.

Malakologische Abhandlungen

Fachgebiete: Taxonomie, Phylogenie, Evolution, Morphologie, Anatomie, Biologie, Ökologie, Zoogeographie.

Tiergruppe: Mollusca.

Übersicht über die erschienenen Publikationen

Nach 1945 erschienen folgende Bände:

Abhandlungen und Berichte aus dem Staatlichen Museum für Tierkunde in Dresden

Bände 21 (1953) – 25 (1960)
(Band 21 ist vergriffen).

Ab 1961 wurden die „Abhandlungen und Berichte aus dem Staatlichen Museum für Tierkunde in Dresden" in zwei Reihen unterteilt:

Entomologische Abhandlungen

Ab Band 26 (1961–1962) ff.
Zu den Bänden 36, 37, 39 und 40 erschienen Supplementbände.

Zoologische Abhandlungen

Ab Band 26 (1961–1964) ff.
Ab Band 26 ohne Insecta, ab Band 27 ohne Mollusca.
(Bände 26–29 sind vergriffen).

Im Zeitraum von 1962–1964 wurden zusätzlich die folgenden Reihen neu eingerichtet:

Reichenbachia

Ab Band 1 (1962–1963) ff.

Faunistische Abhandlungen

Ab Band 1 (1963–1966) ff.

Malakologische Abhandlungen

Ab Band 1 (1964–1967) ff.

Alle genannten Reihen erscheinen fortlaufend, jedoch zwanglos und ohne feste Bindung an das Kalenderjahr.

III-9-16 Jt 1943/75 10 T. (30045/9)

FSC
www.fsc.org
MIX
Papier | Fördert
gute Waldnutzung
FSC® C083411

Kolibri 360 GmbH
Ferdinand-Jühlke-Straße 7
99095 Erfurt, Deutschland
produktsicherheit@kolibri360.de